培训师
技能修炼实操手册
—PPT版—

杨小丽◎编著

中国铁道出版社有限公司
CHINA RAILWAY PUBLISHING HOUSE CO., LTD.

图书在版编目（CIP）数据

培训师技能修炼实操手册 : PPT 版 / 杨小丽编著. — 北京 : 中国
铁道出版社有限公司，2023.5
ISBN 978-7-113-29591-2

Ⅰ.①培⋯　Ⅱ.①杨⋯　Ⅲ.①图形软件-手册　Ⅳ.①TP391.412-62

中国版本图书馆 CIP 数据核字（2022）第 156072 号

书　　名：**培训师技能修炼实操手册（PPT 版）**
　　　　　PEIXUNSHI JINENG XIULIAN SHICAO SHOUCE (PPT BAN)
作　　者：杨小丽

责任编辑：王　宏　　　　编辑部电话：(010)51873038　　　电子邮箱：17037112@qq.com
封面设计：宿　萌
责任校对：苗　丹
责任印制：赵星辰

出版发行：中国铁道出版社有限公司（100054，北京市西城区右安门西街 8 号）
印　　刷：天津嘉恒印务有限公司
版　　次：2023 年 5 月第 1 版　2023 年 5 月第 1 次印刷
开　　本：710 mm×1 000 mm　1/16　印张：13.75　字数：217 千
书　　号：ISBN 978-7-113-29591-2
定　　价：69.80 元

前　言

　　一提到提升培训效果，大部分培训师首先想到的是做好备课工作、设计好培训课件即可。诚然，这些是每一名培训师开展培训工作所必须掌握的基础技能。

　　但要做好一场培训，并不是简简单单地上一堂课即可。要想做好培训，提升培训效果，培训师需要掌握一定的培训软技能，如：

　　如何选择合适的培训方式？

　　培训师如何进行开场自我介绍？

　　课前导入应该怎么做？

　　培训师的着装有何要求？

　　培训师的说话音量如何控制？

　　培训过程如何有效提问？

　　如何把握培训现场？

　　…………

　　除此之外，培训课件的好坏也直接影响培训的效果。

　　为什么这么说呢？

　　如果演示文稿制作平淡，只是单纯将枯燥、无趣的文字内容搬到幻灯片上，相信很多学员都会觉得索然无味，接收到的信息也有限。如果在演示文稿中适当增加一些图像元素，让枯燥的内容更加直观、形象，或者添加一些动画效果，让培训内容的逻辑顺序更清晰，这在一定程度上能够降低学员的视觉疲劳，提升学员的学习兴趣，在无形中就增强了培训的效果。

为了帮助有需求的培训师更好地开展培训工作，我们编写了本书。

全书共 8 章，可大致划分为三个部分。

◆ 第一部分为第 1 ~ 3 章，这部分内容是作为一名培训师必须掌握的培训软技能知识。

◆ 第二部分为第 4 ~ 7 章，主要介绍如何在 PPT 中用好形状、表格、图表、多媒体文件以及动画来制作出图文并茂、演示效果精美的幻灯片。

◆ 第三部分为第 8 章，详解培训过程中需要掌握的放映技能，以方便培训师更好地开展培训。

为了让培训师能够快速掌握各种培训软技能和硬技能，全书所有的实例和操作都是融合在具体的培训情景中进行讲解的，通过详尽的操作步骤和全图解的呈现方式，使读者学习起来更容易，而且能够快速举一反三。

本书涉及的章节素材与效果文件的移动端二维码及 PC 端下载地址如下：
http://www.m.crphdm.com/2023/0128/14546.shtml

最后，希望所有读者都能从本书中学到想学的知识，快速成长为一名专业、优秀的培训师，轻松完成培训。

编　者

目 录

第 1 章　企业培训你到底了解多少

企业培训是指企业为了提高人员素质、能力和工作绩效等而开展的有计划、有系统的培养和训练活动。使员工的知识、技能、工作方法、工作态度及工作的价值观得到改善和提高，从而推动组织和个人的不断进步，实现组织和个人的双重发展。

1.1　哪些情况下需要安排培训 2

1.2　企业培训的前期准备 3

1.2.1　了解学员的特点与需求 4

1.2.2　如何确定培训分类 5

1.2.3　如何确定培训预算 6

1.3　课程设计是做好培训的前提 9

1.3.1　确定课程的名称 9

1.3.2　课程内容的设计 10

1.4　企业培训的方式有哪些 10

1.4.1　小组讨论培训 11

1.4.2　讲授培训 13

1.4.3　角色扮演培训 14

1.4.4　案例分享培训..17

1.4.5　多媒体培训..21

第2章　如何做好一场培训

　　培训有一套完整的体系，可分为培训前准备、开始、过程和结束，每一个环节都非常重要。培训师必须做好每一个环节的工作，才能有一场成功的培训"秀"。本章将针对培训的准备、开始和结束进行具体讲解。

2.1　如何充分的自我准备..24

2.1.1　正确自我准备的方法..24

2.1.2　分析听众，选择合适的培训方式....................................26

2.2　如何精彩地开始培训..33

2.2.1　怎么进行有吸引力的自我介绍......................................33

2.2.2　巧妙导入培训课程..35

2.3　如何完美地结束培训..38

2.3.1　要点回顾结尾..38

2.3.2　号召结尾..39

2.3.3　故事结尾..40

2.3.4　综合运用..42

第3章　有效培训的要点和技能

　　在整个培训体系中，培训进行的过程是重点环节。要想做好培训，达到好的效果，除了要求培训师有扎实的功底和丰富的经验，同时也需要一些小的要点和技能来作为培训的"润滑剂"，使其进展更加顺畅和高效。在本章中我们将会介绍这些要点和技能。

3.1　良好的外在形象和语言为培训加分..44

　　3.1.1　服饰——将你的专业权威性提升 20%..................................44

　　3.1.2　表情——好面容不如好表情..................................48

　　3.1.3　手势——专业培训需要掌握的交流手段..................................48

　　3.1.4　语言——让学员认真听讲..................................49

3.2　培训过程中怎么进行有效的提问..51

　　3.2.1　提问的方式有哪些..................................51

　　3.2.2　提问技巧..................................52

　　3.2.3　如何处理学员的回答..................................53

3.3　修炼掌控培训现场的能力..54

　　3.3.1　如何鼓励学员参与..................................55

　　3.3.2　气氛比较沉闷怎么办..................................56

　　3.3.3　遇到个别不配合的学员怎么办..................................57

第 4 章　借助形状制作个性化的培训 PPT

　　为了让演示文稿的内容展示效果更加多样且更具艺术效果，可以通过形状、艺术字等方式构建丰富的图示效果和文字效果，以此来展示需要表达的内容。此外，还可以通过 SmartArt 图形快速制作具有一定结构的图示效果。

4.1　编排产品知识培训 PPT 的内容页..60

　　4.1.1　在演示文稿中插入圆角矩形..................................60

　　4.1.2　复制与排列多个形状..................................61

　　4.1.3　旋转并添加形状..................................62

　　4.1.4　套用形状样式..................................63

　　4.1.5　为形状添加透明效果..................................65

4.2　制作人力资源工作流程培训演示内容·······················67

4.2.1　使用箭头形状连接关联的工作流程··················68

4.2.2　利用任意多边形形状制作招聘流程··················72

4.2.3　使用立体球和标注展示企业薪酬基本程序··········77

4.2.4　使用基本形状构建切割三角形展示员工离职流程····82

4.3　制作组织结构幻灯片···85

4.3.1　在幻灯片中插入 SmartArt 图形·····················85

4.3.2　调整 SmartArt 图形的布局效果······················86

4.3.3　输入组织结构图的内容······························88

4.3.4　调整组织结构图的外观······························89

第 5 章　用表格和图表直观展示培训内容

PPT 演示内容不像 Word 报告那样，需要将内容尽可能地展示详细。PPT 注重的是每张幻灯片中的主体信息明确、直观。因此，对于一些有相同属性或者二维关系的内容或数据，也要求尽量将其以表格的形式展示。对于量化的数据关系，也可以用图表进行可视化展示。

5.1　制作新产品性能对比介绍幻灯片··························92

5.1.1　在幻灯片中插入表格并输入内容····················92

5.1.2　对表格内容进行格式设置····························95

5.1.3　调整表格的行高 / 列宽······························96

5.1.4　更改表格的外观效果································99

5.2　制作面试实施方式对比幻灯片····························102

5.2.1　复杂表格结构的制作方法····························102

5.2.2　优化表格结构的布局效果····························105

　　5.2.3　套用表格样式快速对表格进行美化设置.....................107

5.3　制作绩效考核管理的考核比例说明幻灯片.....................111

　　5.3.1　手动绘制表格结构.....................111

　　5.3.2　擦除多余的表格线并完成考核比例说明表格的制作.....................114

5.4　制作 HR 职位薪资展示图表.....................116

　　5.4.1　在幻灯片中创建柱形图图表.....................117

　　5.4.2　调整图表的大小和布局效果.....................120

　　5.4.3　格式化图表效果.....................124

第6章　多媒体让演示效果绘声绘色

　　对于培训 PPT，也不全是文字内容的展示。根据培训内容的不同，培训 PPT 的内容也可以更加多样化。通过在公司画册、企业宣传等特定的演示文稿中适当添加音频文件或者视频文件，可以更绘声绘色地传递培训内容。

6.1　在企业画册演示文稿中添加音乐.....................128

　　6.1.1　在幻灯片中插入本地电脑的音频文件.....................128

　　6.1.2　更换并调整音频图标.....................131

　　6.1.3　更改音频的播放方式.....................133

　　6.1.4　裁剪多余的音频.....................136

　　6.1.5　设置淡入淡出效果.....................139

6.2　在公司简介演示文稿中添加视频.....................139

　　6.2.1　在幻灯片中插入本地电脑的视频文件.....................140

　　6.2.2　为视频添加一个标牌框架.....................142

　　6.2.3　更改视频的播放方式.....................144

　　6.2.4　制作特效视频.....................147

第7章 巧用动画动态加载培训内容

在培训过程中，尤其对于有层次结构或有因果关系的培训内容，为了更好地让学员跟随培训师的节奏来接收幻灯片中所展示的内容，增强培训效果，此时可以适当地为幻灯片或者培训内容添加动态效果，让整个演示画面更加生动、流畅。

7.1　设置培训测试幻灯片的动态切换 152

7.1.1　设置幻灯片的切换动画 152

7.1.2　设置切换的声音和计时参数 155

7.2　动态加载人力资源从业概述培训内容 158

7.2.1　添加动画让内容按顺序显示 158

7.2.2　更改动画的选项和计时参数 163

7.2.3　添加更多动画并使用动画刷 166

7.2.4　为图表对象添加动画 169

7.3　设置中西方餐桌礼仪培训导航目录 172

7.3.1　为目录文本添加超链接 173

7.3.2　更改目录文本超链接的颜色 176

7.3.3　运用形状对象制作返回超链接 179

第8章 培训过程中应掌握的放映操作

制作演示文稿是辅助培训师开展培训的，要想更好地进行培训活动，培训师还需要掌握必要的放映操作，如：怎么设置 PPT 的放映，手动放映幻灯片需要掌握哪些操作，对于需要自动放映的 PPT 又要进行哪些设置等。在本章，将对这些放映操作具体讲解。

8.1　放映员工培训测试 PPT 前的准备 184

8.1.1 自定义幻灯片的放映组 184

8.1.2 隐藏不需要的幻灯片 189

8.1.3 设置演示文稿的默认放映组 190

8.2 手动放映销售技能培训 PPT 192

8.2.1 放映销售技能培训的全部幻灯片 193

8.2.2 切换到任意指定的幻灯片 195

8.2.3 使用笔工具勾画放映的重点内容 197

8.3 自动放映企业画册 PPT 200

8.3.1 为企业画册 PPT 的每张幻灯片预设放映时间 200

8.3.2 设置企业画册 PPT 自动循环放映 204

第 1 章

企业培训你到底了解多少

企业培训是指企业为了提高人员素质、能力和工作绩效等而开展的有计划、有系统的培养和训练活动。使员工的知识、技能、工作方法、工作态度及工作的价值观得到改善和提高，从而推动组织和个人的不断进步，实现组织和个人的双重发展。

1.1
哪些情况下需要安排培训

企业内部培训不是随意进行的，因为培训本身是一项复杂的项目，而且需要投入一定的资金成本。在不必要的情况下，一般不会进行。但是当企业在面临下面几种情况时，则需及时对员工进行技能、素质等方面的实际培训。

1. 绩效持平或下滑

无论是企业的整体绩效或员工个人绩效，当出现持平或下滑，甚至是有下滑的趋势时，就应对员工进行培训，巩固提高员工技能，减少损失和人为浪费，提高工作质量和效率，从而恢复和提高企业效率。对于这类培训，培训师可采用表1-1所示的几种培训方式。

表 1-1 绩效持平或下滑时可采用的培训方式

培训方式	描　　述
脱产培训	员工离开工作岗位进行技能巩固和提高的全面培训
互动式培训	由大家共同参与，每位员工都是老师，各负责自己主讲部分的内容。每讲完一部分，员工就其授课内容及方式展开集体讨论，总结长处，改进不足，以增强培训效果
岗位复训	对于在某一岗位工作一段时间后的员工进行岗位复训，以温故而新知，紧密结合生产实际，按需施教，根据实际工作中出现的问题和需要，缺什么补什么
师带徒	岗位轮换，对于缺乏岗位经验或对岗位情况不熟的新员工，可通过带岗者的言传身教获取实践经验，以尽快达到岗位要求（此种方法主要适应于新员工和员工晋升）
独立学习	让员工独立完成一项具有挑战性的工作，员工在整个工作中必须合理地安排每一个工作步骤，在什么时间达到怎样的目标；决定采取哪种工作方式、哪种技能；遇到困难的时候，要自己去想办法，拿出一些具有创造性的解决方案
贴身式学习	安排受训者在一段时间内跟随师傅一起工作，观察师傅是如何工作的，并从中学到一些新技能。同时，师傅还需要留出一定的时间来帮助受训者解决工作中实际存在的问题，并随时进行解答

2. 企业缺乏凝聚力和竞争力

企业员工拥有自己的价值观、信念、工作作风及个人习惯。我们通过培训将公司文化和经营理念传递给员工并让其接受，形成一个团结、和谐的大集体，提高员工个人和企业整体的工作质量，从而增加企业的凝聚力和对外的竞争力。

3. 企业成本过高

企业成本居高不下，除了通过对员工技能进行培训（培训方式大部分与绩效持平和下滑的方法相同）外，管理人员也应该进行培训，如成本控制意识培训、产品浪费控制培训、生产流程高效培训、产品质量和返工监管培训等。

4. 企业外部环境发生变化

企业外部环境变化，如宏观的政治环境、经济环境、社会文化环境；微观的行业性质、竞争状况、消费者、供应商及利益等，是企业发展的外因，直接影响企业的经营策略和方向。随着外部环境的变化，特别是微观的变化，如行业竞争加剧，我们就需要及时对内部员工的技能进行提高和优化，或向其他领域发展新技能培训等。

5. 员工成长和发展需要

大部分员工明显表现出对新知识和技能的渴望，希望接受具有挑战性的任务，希望得到晋升。这时需要通过培训来增强员工的满足感，让其转换为员工的自我价值实现。

企业培训的前期准备

在培训工作开展之前，必要的准备不可缺少，例如了解学员的特点和需求、如何确定培训分类、如何确定培训预算等，下面具体介绍相关内容。

了解学员的特点与需求

企业内部的培训是针对企业员工而开展的。在培训前，培训师应了解他们的特点和需求。然后，制定出相应的培训步骤、课程和计划，从而让整个培训更加顺利和高效。图1-1所示为培训学员的特点。

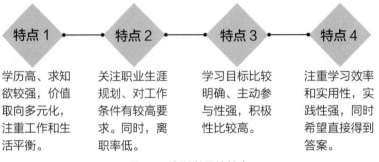

图1-1 培训学员的特点

图1-2所示为培训学员的普遍需求。

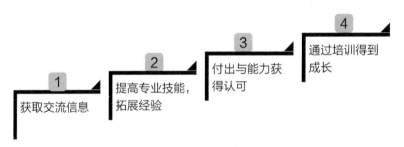

图1-2 培训学员的普遍需求

同时，在培训中也会遇到一些学习障碍，如图1-3所示。

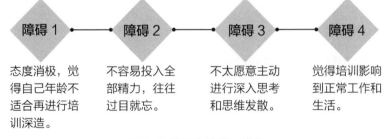

图1-3 培训中的学习障碍

1.2.2
如何确定培训分类

对员工的培训方法有很多种，但不是每一种培训方式都适合于全部员工。在实际培训中，要想让整个培训工作开展得更加顺利，同时培训效果更佳，培训师就需要对不同岗位的员工进行分类培训并采用合适的培训方法。

在企业中，培训可分成以下几类，并采用对应的培训方法。

1. 一线员工培训

对于一线员工较为实用的方法类似于师带徒，也就是实习法。培训师或师傅的任务是教给学员如何做，提出如何做好的建议，并对学员进行鼓励。不过在培训前，培训师或师傅一定要有详细、完整的教学计划。

2. 技能速成培训

对于一些要求快速掌握的操作技能或技巧，较为合适的是演示法。演示法其实是讲授实验过程，指运用一定的实物和教具做示范教学，使学员明白某种工作是如何完成的，然后让学员试做并给予指导，此方法的效果能够立竿见影。

3. 通才培训

对于某些这也会那也知晓的员工，对其较为合适的方式就是轮岗法（轮换法）。让员工在预定的时期内变换工作岗位，获得不同岗位的工作经验。丰富工作经历，扩展知识面，同时让企业真正了解和掌握员工的实际能力和兴趣爱好。但这种培训方式，不能让员工在每个工作岗位上停留时间过短。

4. 储备干部培训

储备干部/领导，也就是未来的管理人员，对他们的培训可采用研讨法、案例法、头脑风暴法、工作指导法、特别任务法及角色扮演法等，都是不错的选择。

5. 管理人员培训

对管理人员的培训目的是以最大范围的综合研究方式，学习基本管理知识，提高管理能力。这里最适合的方法就是MTP培训，最好是全脱产培训。

知识延伸 | MTP培训法

MTP（英文全称Management Training Program）原义为管理培训计划，是在1950年由美国为有效提高企业管理水平而研究开发的一套培训体系。

6. 现任高层管理人员的培训

企业对高层管理人员的能力要求显然与其他管理人员有着根本性的区别，他们不太需要操作技能的提高或销售能力的提高，主要是对企业经营方式、思维模式和战略意识的开拓或完善。对于他们的培训，培训师可采用案例法、头脑风暴法等。

1.2.3
如何确定培训预算

在制订培训预算前，应该清楚培训费用由哪几个部分构成，见表1-2。

表1-2 培训费用构成

费用项目	费用明细
人员成本	包括培训管理者的工资、人员上课时的工资、讲师上课时的工资、授课费、外出培训的差旅费及学员培训造成的用工成本等
设备成本	包括设备的购买费和折旧费，培训师的使用费等
管理成本	包括后备人员的薪水、管理费、电话费、邮递费、房间的使用或租赁费用等
材料成本	包括移动存储设备、书籍等费用

培训师要想做好培训预算，可从图1-4所示的3个方面入手。

1
确定核算基数
2
明确预算方法
3
做好预算审核工作

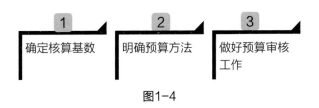

图1-4

1. 确定核算基数

确定核算基数分为两个方面，分别是年度培训预算基数和阶段性培训预算基数。其中，年度培训预算基数，可按照以下3种方法来计算得到，如图1-5所示。

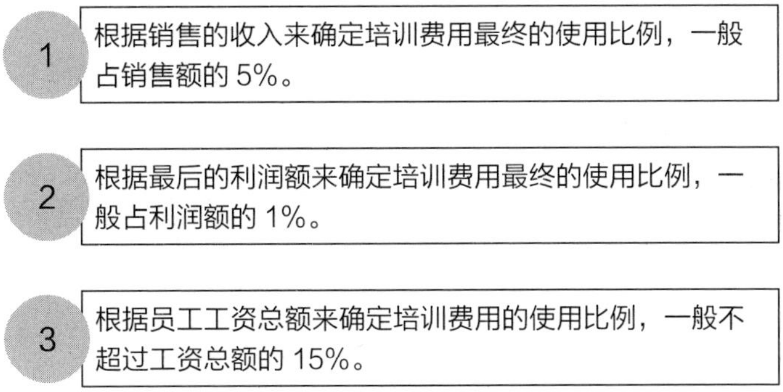

1
根据销售的收入来确定培训费用最终的使用比例，一般占销售额的 5%。
2
根据最后的利润额来确定培训费用最终的使用比例，一般占利润额的 1%。
3
根据员工工资总额来确定培训费用的使用比例，一般不超过工资总额的 15%。

图1-5

阶段性培训预算基数是针对阶段性培训做的预算，它包括以下两个方面：

- 一是对于项目开展的临时性培训，可以根据项目的利润来进行培训基数的确定，同时会根据项目的进展情况设计“分段投入培训费用”的预算方案。
- 二是对于国家和行业内部指定的一些培训，培训师可以结合企业和学员投入进行比例预算。如在职称培训方面，企业一般占比为 60% 以上；在资格培训方面，企业一般占比为 90% 以上。

2. 明确预算方法

培训预算方法需要区分是内部培训还是外部培训。对于企业内部培训的费用预算通常是员工的工资、设备和材料损耗费的总和。

外部培训（聘请培训师到企业进行培训）的预算方法是员工的工资、设备和材料的损耗费以及培训师的费用的总和。

对培训费用进行预算，培训师可以采用两种预算技巧，分别是承袭预算和零基础预算。其中，承袭预算的具体做法有三种：

◆ 其一，根据往年的数据作为培训预算的总体系数依据。

◆ 其二，将历年数据的平均值作为培训预算的基数。

◆ 其三，根据当年培训的增减项目情况予以预算调整。

零基础预算是根据实际工作需要在成本效益分析的基础上，重新排出各项培训预算的优先次序，它也有三种具体操作方法。

◆ 其一，结合公司计划中的各项工作目标，从零开始，逐项审核培训的作用性和必要性，包括对工作目标及员工数量的增长，以及对于新技术的需求等进行分析审核，再制定培训项目，进行预算。

◆ 其二，通过对比审核已有的培训项目是否能满足企业需求及员工需要。

◆ 其三，根据优先顺序确定培训预算的总数及预算的分配比例。这就需要结合各个工作目标来分析其重要程度，确定核心工作目标。也可以根据对工作目标的重要程度划分预算比例，如公司的发展目标是二次创业，那么核心需要是创新求变，其次是增强意识，最后才是辅之以提高技能。

3. 做好预算审核工作

做好审核工作包括制定的预算（成本的集中、预算的合理性以及节约的方法）、培训科目的必要性、培训有没有实际价值，以及培训场地人员是否能保证完成培训。

审核结束后编制培训预算报告，将培训的费用以报表的形式进行汇报。其中，报表要求各项费用的分类要明确不含糊，培训的各个阶段要清晰，各项分析数据要完整且准确。

1.3
课程设计是做好培训的前提

课程设计对于培训至关重要，它直接关系到培训的内容、质量、效果以及是否能够达到培训的目的或最初设定的目标。所以，培训师在进行培训前需要对课程进行精心设计。

1.3.1
确定课程的名称

培训课程的名称是很有讲究的，要求能直接体现出课程的对象、目的或收获。不能太广泛，如品牌管理、销售渠道管理等。一般情况下，培训课程的名称包括以下几个要素。

1. 学员

课程名称中包含学员信息，是让他人一眼就能看出该课程培训的对象是谁，如"图书编辑校排技能提升训练"，从中就能看出是公司对内部编辑人员的培训课程。

2. 核心知识点

课程名称中能清楚地体现出培训课程的直接目的和初衷，如"图书编辑校排技能提升训练"培训课程名称中，可以明确知道培训的目的是校对和排版技能的提升。

3. 教学方式

课程名称要清楚展示出该次培训到底是讲座、训练、会议，还是介绍会，学员就能明确判定出自己是否合适或必须参加。如"销售员业务培训会"课程名称中，就能一眼看出教学方式是训练，包含练习内容，不想练习的学员就不会参与。

1.3.2 课程内容的设计

　　培训课程内容的设计和选择是课程设计最核心的部分，也是最关键的部分，直接决定培训质量和效果。培训师在设计培训内容时，要遵循这样的原则：缺什么培养什么，需要什么培训什么。强调遵循实用性、针对性、理论性和逻辑性原则。

　　表1-3所示的是新员工入职的一份培训内容表格。

表 1-3 培训内容一览表

培训时间	培训内容	培训方式
1 小时	介绍公司的经营理念、发展状况、愿景、组织架构、管理体系、各事业部职能、经营业务、主要产品及在同行业中的竞争力状况	集中培训
1 小时	介绍公司文化，包括公司价值观、战略及道德规范培训管理	集中培训
2 小时	介绍公司规章制度，如薪酬体系、聘用制度、培训制度等	集中培训
2 小时	介绍安全生产管理	集中培训
2 小时	介绍铝合金材料基本知识	集中培训
2 小时	介绍产品加工工艺规程培训	集中培训
2 小时	介绍机械基础与技术测量	集中培训
2 小时	介绍质量管理知识	集中培训

1.4 企业培训的方式有哪些

　　培训师在实际培训中可用或可选择的方式有多种，每一种培训方法都有其独到的特点和优势。例如，小组讨论培训、讲授培训、角色扮演培训、案例分享培训、多媒体培训和实地培训等，下面分别进行介绍。

小组讨论培训

小组讨论培训法是一种常用的培训方式。由于这一方式着重解决现实问题，因此得到了许多企业领导人员的欢迎。小组讨论可以是小组研讨或全体学员一起研讨报告的形式，也可以分组研讨或小组之间就某一问题辩论的形式进行，其目的是要深入分析问题并提出明确的解决方式。这种培训方式总共包含了3个阶段，分别是前期准备、具体实施和评价与总结。

其中，前期准备包括5个方面，分别是编辑讨论题目、设计评分表、编辑计时表、选定场地和确定讨论小组（包括小组人员分配）。具体实施阶段分为两个步骤，分别是宣读指导语，然后进入讨论阶段。最后的评价与总结也包括5个方面，分别是参与度、影响力、决策能力、任务完成情况，以及团队氛围和成员共鸣感。

在实际操作中，小组讨论形式较为常用的有如下3种。

1. 有组织地讨论

有组织地讨论的主要目的是达到预期的目标，小组成员在对相关主题进行讨论时，需加入一些心得体会促进学习。

2. 陪伴式讨论

陪伴小组成员全都是相关论题的专家，每人都有自己的分论题。话题引入都从逻辑的起点开始，每位专家都是在前一位的内容上进一步阐明自己的观点，搭建自己论题的框架结构，同时保证整个讨论主题的连贯性。

3. 开放式讨论

开放式讨论是一种无组织的讨论形式，学员完全随意发表自己的观点。同时，仲裁者由促进话题者临时充当。需要强调的是，这种方式需要一些权威人士在场，以支撑和促进讨论继续。

下面是一则小组讨论的培训案例。

沙漠求生记

1. 背景

（1）在炎热的 8 月，你乘坐的小型飞机在撒哈拉沙漠失事，机身严重撞毁，马上将会着火焚烧。

（2）飞机燃烧前，你们只有 18 分钟时间，从飞机中拿取物品。

（3）问题：在飞机失事中，如果你们只能从 15 项物品中挑选 5 项出来，在考虑下面提供的沙漠情况后，按物品的重要性，你们会怎样选择呢？请解释原因。

2. 沙漠情况

（1）飞机的位置暂时不能确定，只知道最近的城镇是距飞机失事 70 公里的煤矿小城。

（2）沙漠日间温度是 40℃，夜间温度骤降至 5℃。

3. 物品清单

请从以下 15 项物品中，挑选最重要的 5 项。

（1）一支闪光信号灯（内置 4 个电池）。

（2）一把军刀。

（3）一张该沙漠区的飞行地图。

（4）七件大号塑料雨衣。

（5）一个指南针。

（6）一个小型量器箱（内有温度计、气压计、雨量计等）。

（7）一把 45 口径手枪（已有子弹）。

（8）三个降落伞（有红白相间图案）。

（9）一瓶维生素丸（100粒装）。

（10）四十升饮用水。

（11）化妆镜。

（12）七副太阳眼镜。

（13）八升伏特加酒。

（14）七件厚衣服。

（15）一本《沙漠动物》百科全书。

1.4.2 讲授培训

讲授培训法是最悠久、最简单，应用最普遍的方法，不需要经过特别的培训经验。它能在较短时间内让学员获得大量的系统理论知识。最常用的方式主要有如下几种。

- ◆ **讲述**：侧重在生动形象地描绘某些事物现象，叙述事件发生、发展的过程，使学员形成鲜明的表象和概念，并从情绪上得到感染。例如，公司的发展历程，文化体系建立过程，公司或企业获得荣誉等。

- ◆ **讲解**：进行较系统和专业的解答，常用于专业技能的培训和提高。例如，仪器的基本操作、编辑校排的方法和技巧等。

- ◆ **讲读**：培训师的讲述、讲解与学员的阅读有机结合，常用于条款、条理与管理体系等培训。

同时，讲授培训法具有其独到的优点、缺点及其特殊要求。其中，优点主要包括利于学员系统地接受新知识、掌握和控制学习的进度、加深理解难度大的内容，可以同时对多人进行培训。缺点主要是讲授内容具有强制性，培训效果容易受到培训师讲授的水平影响，互动性较差，讲授过的知识不容易被巩固。

培训师在实际培训中，使用讲授培训法要注意以下几点特殊要求。

- ◆ 讲授内容要有科学性，保证讲授的质量。
- ◆ 讲授要有系统性、条理清晰、重点突出。
- ◆ 讲授时语言清晰，生动准确。
- ◆ 培训师与学员相互配合形成良性互动。
- ◆ 必要时运用板书。

1.4.3
角色扮演培训

角色扮演（Role-playing）培训是一种采用情景模拟活动的培训方式。根据学员可能担任的职务，编制一套与该职务实际情况相似的测试项目。将学员安排在逼真的模拟工作环境中，要求学员处理可能出现的各种问题，用多种方法来测评其心理素质和潜在能力。在具体操作中可以进行这样几步操作。

- ◆ **第一步**：事先与助手排练进行规范，包括讲话内容、肢体反应，在每个学员面前要做到基本统一。
- ◆ **第二步**：编制心理素质和实际能力的评分标准。标准不要看其扮演的角色像不像，是不是有演戏的能力。
- ◆ **第三步**：实施评估。

实施评估是对个体和整个角色扮演效果的考察，也就是一个收集信息、汇总信息和分析信息的过程，最后确定学员基本心理素质和潜在能力。培训师可参照如下九步进行评估。

- ◆ **第一步，观察行为**：培训师要仔细观察，及时记录学员的行为，记录语气要客观，记录的内容要详细，不要进行不成熟的评论。
- ◆ **第二步，归纳行为**：观察以后，培训师要马上整理观察后的行为结果，并把它归纳为角色扮演设计的目标要素之中，如果有些行为和要素没有关系，就应该剔除。

◆ **第三步，为行为打分**：对要素有关的所有行为进行观察、归纳，要根据规定的标准答案对要素进行打分。

◆ **第四步，制定报告**：给行为打分以后，培训师对所有的信息都应该汇总，形成报告，再考虑下一位参加者。培训师要宣读事先写好的报告，报告对学员在测评中的行为做一个简单的介绍，对要素评分和对有关的各项行为进行分析。在指定报告时，培训师可以提出问题。

◆ **第五步，初步评分**：当培训师报告完毕，大家进行了初步讨论以后，培训师可以根据讨论的内容，评分的客观标准，以及自己观察到的行为，重新给学员打分。

◆ **第六步，重新评分**：等培训师独立重新评分以后，把培训师的评分进行简单的平均计算，确定学员的得分。

◆ **第七步，制定要素评分表**：一般角色扮演评价内容分为4个部分，如图1-6所示。

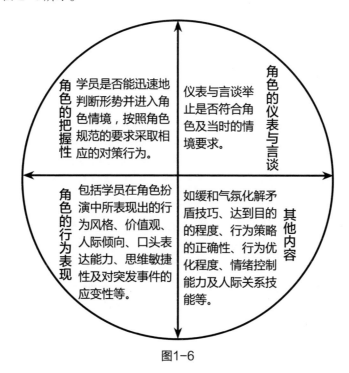

图1-6

- ◆ **第八步，培训师讨论**：根据上述内容，培训师进行一次讨论，大家对每一种要素的评分发表意见。

- ◆ **第九步，总体评分**：通过讨论以后，培训师再独立地给该学员评出一个总体得分，然后公布结果，由小组讨论，直到达成一致的意见，这个得分就是该学员在情景模拟的总得分。

角色扮演培训方式是一个互动性和参与性非常强的项目，需要培训师事先对整个培训过程进行必要的准备。在准备过程中，培训师可按照图1-7所示的步骤进行操作。

1	**明确目的**：重点希望可以反映出什么样的问题，培养或提高哪些技能。
2	**场景设置**：根据培训目的设计一个能较好实现培训目的的场景（一般是组织真实场景），引起学员的共鸣，对以后在处理实际工作中的相似问题提供有用的帮助。
3	**设定角色**：角色的设置与所设计场景的真实情况相吻合，保障角色扮演的人物、情节符合现实中的实际情况，增加真实感。对角色要设置具体的要求，如工作内容、任务要求等。
4	**制作剧本**：剧本的编写能给角色提供合适的展示情节，并要求各相关角色根据剧本的要求进行扮演。同时，剧本只对表演规定一个大体的框架，不用太详细。
5	**设定时间**：对具体的表演时间做出合理要求，让学员在规定的时间内完成相关任务。
6	**加强控制**：培训师在这个过程中要加强控制，确保角色扮演能够基本按照预定的轨迹发展，但不过分控制，标准是不影响学员的表演。

图1-7

同时，在整个角色扮演过程中要对学员提出一些具体的角色扮演要求，具体如图1-8所示。

 接受作为当前角色的事实，并处于一种充分参与的情绪状态扮演角色。在角色扮演过程中，注意态度的适当改变。

如果需要，注意收集角色扮演中的原始资料，但不要偏离案例的主题。在角色扮演中，不要向其他人进行角色咨询。

 不要有过度的表现行为和个人想法，因为这样可能会偏离扮演的目标。

图1-8

下面是一个简单的角色扮演培训案例。

案例范本

扮演角色：人事科主管

你是人事科的主管，刚才你已注意到一位年轻人似乎正在隔壁的办公室推销管理书，你现在正急于拟定一个人事考核计划，需要参考有关资料，于是你也想买一些管理书作为参考资料。这时，你知道推销书的年轻人走过来了，但你却没有买，因为你一直非常忌讳别人觉得你不够专业。

1.4.4
案例分享培训

案例分享培训是指学员根据自己的学识和经验，通过讨论来解决案例中提出的问题，从而达到培养学员的实际工作和解决问题的能力。

所以，培训师在设计时除了保证案例的真实可信、客观生动和开放性，还要注意这样几个关键问题，如图1-9所示。

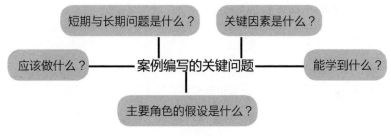

图1-9

培训师想要编写出好的案例，需要掌握以下几点编写标准并以此来衡量自己设计的案例，如图1-10所示。

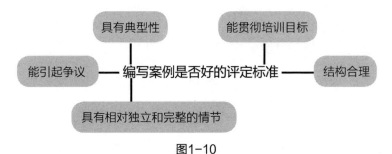

图1-10

在实行案例分享培训时，需要按照严格的先后步骤顺序来执行，大致如下所示。

1. 学员各自准备阶段

学员阅读案例材料，查阅指定的资料和读物，搜集必要的信息并积极地思索，初步形成关于案例中问题的原因分析和解决方案。

2. 小组准备并讨论阶段

将学员划分成3～7人的小组，指定45分钟～1小时的时间，让他们表达意见，加深学员对案例的理解。同时各个小组的活动场所应彼此分开，并以他们自己有效的方式组织活动，培训师可巡视但不进行干涉。

3. 小组成果交流和总结

培训师主持讨论交流，让小组派一名代表将自己小组的成果向大家做简要的汇报，时间一般在50分钟左右。然后培训师对整个讨论进行点评或讲解，并进行相应的总结。

下面是一份项目策划的案例分析实例，其具体内容如下。

案例范本
项目策划的案例分析

W先生新上任于某机械公司人力资源部，在一次研讨会上，他了解到一些企业的培训搞得有声有色。他回来后，兴致勃勃地向公司提交了一份全员培训计划书，以改善人力资源部的面貌。公司老总很开明，不久就批准了W先生的全员培训计划。

W先生深受鼓舞，踌躇满志地对公司全体人员——上至总经理，下至一线生产员工，进行为期一个星期的脱产计算机培训。为此，公司还专门下拨十几万元培训费。

培训的效果怎样呢？

据说，除了办公室的几名人员和45岁以上的几名中层干部有所收获，其他人员要么收效甚微，要么学而无用，十几万元的培训费用只买来了一时的"轰动效应"。

一些员工认为，新官上任所点的"这把火"和以前的培训没有什么差别，甚至有小道消息称此次培训是W先生做给领导看的，是在花单位的钱往自己脸上贴金。

而W先生对于此番议论感到非常委屈，给员工灌输一些新知识怎么效果不理想呢？

W先生百思不得其解，觉得当今竞争环境下，每人学点计算机知识应该是很有用的。

【分析要求】

（1）你认为W先生组织的培训为什么没有收到预期效果。（10分）

（2）要把培训工作落到实处、获得实效，应该把握好哪几个环节？（10分）

【参考答案】

（1）员工培训是企业提升员工素质与技能进而实现企业发展的重要手段，企业通过员工培训，不仅可以拓展员工职业发展空间，而且可以激励和留存优秀员工。然而，在实施培训时，企业如果不重视培训自身的一些规律和原则，就不可能达到预期的培训效果。案例中出现的培训问题就与忽视这些规律和原则有关，分别表现在下面几点。

① 培训与需求严重脱节。（3分）

② 员工层级含混不清。（3分）

③ 忽略最重要的评估环节。（4分）

（2）把培训落到实处，获得实效必须把握好以下几个环节：

① 事前做好培训需求分析。培训需求分析是培训活动的首要环节，既是明确培训目标、设计培训方案的前提，也是进行培训评估的基础。

企业可以运用数据调研、问卷调查、面对面访谈及员工申请等多种技术和方法进行培训需求分析。（2分）

② 尽量设立可以衡量的培训目标，一项培训成功与否决定于可衡量的培训目标。例如，由于培训而带来的工作数量上的增加，工作质量的提高，工作及时性的改善等。（2分）

③ 设定一套硬性的培训考核指标体系。任何一项制度，离开了考核便形同虚设。培训的参与次数、考试成绩、课堂表现和结业证书都可作为考核指标。还可以把考核结果与加薪、晋升、持证上岗、末位淘汰相结合，这样的考核才具有真正的意义。只有这样，才会提高员工学习积极性，促使员工真正把培训当回事，使培训事半功倍。（2分）

④ 做好培训效果评估。在培训过程中，重点调查员工对培训内容、培训方式的满意度。可通过问卷调查或信息反馈卡（采取半开放式较好）及时了解员工对培训的意见和建议，了解培训的内容与实际问题的关联度，培训内

容的难易程度是否适当等。通过这些信息可与培训机构或培训师沟通，避免员工学而无用或"消化不良"。（2分）

⑤ 为员工提供体现培训价值的机会。比如，一个经理人参加完培训，要求他回来后必须再培训本部门的其他人。这样就对受训人员的要求提高了，但同时也给了他一个体现培训价值的机会。（2分）

1.4.5
多媒体培训

多媒体培训是特指运用多媒体计算机并借助于预先制作的多媒体教学软件，来开展的培训活动过程。由于它具有直观性、形象性、动态性、交互性和价值倾向性的特点，现在越来越多地被应用于培训中。

培训师使用多媒体进行培训，总体上要进行三个步骤。第一是相应信息的采集，如企业文化、制度等信息采集；第二是多媒体培训课件制作；第三是培训中的实际使用。

多媒体由两大部分组成，分别是多媒体硬件系统和多媒体软件系统。多媒体硬件系统就是我们常常使用的台式电脑和笔记本电脑。

对于多媒体软件系统，也就是各种应用软件。包括编辑软件、创作软件和多媒体应用软件。下面分别进行介绍。

- ◆ **编辑软件：**是用于采集、整理和编辑各种媒体数据的软件，如文字处理软件 Word、图像处理软件 Photoshop 等。

- ◆ **编程软件：**是用于集成汇编多媒体素材、设置交互控制的程序，包括语言型编程软件，如 Visual Basic；工具型合作软件，如 Tool Book 等。

- ◆ **多媒体应用软件：**也就是多媒体教学工具或多媒体创作工具，如 PowerPoint、Authorware。

下面是使用多媒体对新职员进行入职培训的大体实例操作。

- ◆ 收集企业的文化和制度等资料。

◆ 在电脑上使用 PowerPoint 软件制作多媒体培训课件。

◆ 将培训课件复制保存在移动存储设备中，插入到多媒体播放设备上。

◆ 使用 PowerPoint 软件打开制作的培训课件，通过投影仪投放映像，同时通过音响设备同步播放声音。培训师进行同步操作并进行讲解。

第 2 章

如何做好一场培训

　　培训有一套完整的体系，可分为培训前准备、开始、过程和结束，每一个环节都非常重要。培训师必须做好每一个环节的工作，才能有一场成功的培训"秀"。本章将针对培训的准备、开始和结束进行具体讲解。

2.1
如何充分的自我准备

培训师在培训前，必须得有充分的准备，才能应对自如，不至于忙手忙脚，也不至于怯场。当然这些准备不仅包括对培训内容的充分准备，还包括自己的心理准备和面对听众的准备。

2.1.1
正确自我准备的方法

即使是经验丰富的培训师，在面对一些陌生的学员时，也会有一点紧张。新手或经验不足的培训师则更容易怯场，心里犯嘀咕。

不过，我们有良好的自我疏导方法，也就是培训前做好相应的自我准备，就可克服或减弱这种怯场的心理。

1. 内容演练

课前对培训或演讲内容进行多次演练，直到目标牢记在心、内容清晰、过渡自然，以及重点部分突出。这样就会慢慢产生自信与勇气，克服面对学员的恐惧心理。

这是任何培训师都必须做的课前准备工作，是必不可少的，也是最重要的。

2. 外在形象

根据学员的审美对自己的外表形象作适当的调整、设计和包装，如西装、衬衫、领带、鞋子及发型等，提高在学员心中的专业形象。在具体操作中，我们可以注意下面一些细节。

◆ 保持低调、持重。

◆ 与学员保持一致。

◆ 服装得体，同时注意灯光对服装效果的影响。

◆ 服装的图案禁止是格子。

◆ 不穿戴易散动的挂饰。

◆ 禁止浓妆艳抹。

3. 情绪控制

回想以前的成功经历或是回顾自己学习到的知识、技巧及前辈们传授的经验，稳住自己的情绪，激励自己，然后充满热情地登上讲台，从而开始一场非常精彩的表演。

想要控制临场的恐惧心理，我们可以采用图2-1所示的几种方法。

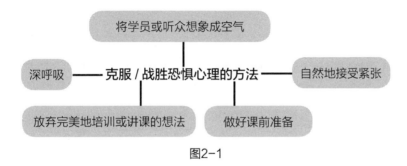

图2-1

4. 其他自我准备

在开始培训前，培训师应该注意的其他方面或需要准备的内容包括下面几点。

◆ 培训之前，要有充足的休息和健康的饮食，以保证培训时精力充沛，身体健康。

◆ 培训师对自己的培训水准、经验和能力有清晰定位。

◆ 培训前事先熟悉培训场所、相应设备的操作及听众的相关情况。

◆ 培训前提前到达培训场所，然后准时开课。

◆ 提前预备一些可能用到的应急措施，如投影仪突然不显示画面或设备故障等。

◆ 整个培训流程的合理制定。

2.1.2
分析听众，选择合适的培训方式

作为培训师，我们要让培训具有针对性，培训计划更能让学员或者企业接受，我们可以先对学员或者企业进行调查分析，从而选择出适合的培训方式。

在调查和分析学员或企业时，大致有这样几个大步骤：调查前的准备工作和明确需求调查计划、实施培训需求调查、需求调查分析、撰写培训需求报告，下面分别进行介绍。

1. 调查准备工作和计划

在对学员和企业进行培训需求调查前，我们要有充分准备，然后制订大体的计划。其中准备工作包括如下几点：

① 调查需求的相关资料准备。

② 调查学员或企业的背景档案，也就是"摸底"。

③ 与调查学员或企业进行接洽，如举办见面会、座谈会等。

同时，我们要明确需求调查计划的内容，不能盲目进行，其中包括如下几点。

① 制订调查计划的目标。

② 制订较为详细的调查行动计划或时间进度计划。

③ 明确需求调查的内容。

④ 明确需求调查的方法，使整个调查过程顺利、高效。

2. 实施需求调查

需求调查工作的准备工作完成且计划制订完善后，我们就可以采取具体的需求调查。其具体操作步骤如图2-2所示。

1	向企业提出需求调查申请。
2	对企业客户或内部学员进行具体调查。
3	对需求调查进行分析。
4	撰写调查报告。

图2-2

下面是一份针对智能化相关知识培训的需求调查问卷，培训师可进行参照和仿效。

案例范本

培训需求调查问卷

填写人姓名：_____   填表日期：_____

在本公司工作年限：_____   所属部门：_____

岗　　位：_____   现任职务：_____

首先请您以 2 句话简单描述您在晋升路上遇到的困难：

①

②

（1）您认为公司网建中心对培训工作的重视程度如何：

☐ 非常重视　　☐ 比较重视　　☐ 一般　　☐ 不够重视　　☐ 很不重视

（2）您认为，网建中心培训对于提升您的工作绩效、促进个人职业发展能否起到实际帮助作用，您是否愿意参加培训：

☐ 非常有帮助，希望多组织各种培训

☐ 有较大帮助，乐意参加

□ 多少有点帮助，会去听听

□ 有帮助，但是没有时间参加

□ 基本没有什么帮助，不会参加

（3）您认为自己对于网建中心培训需求的迫切程度如何：

□ 非常迫切 □ 比较迫切 □ 有一些培训需求，不是那么紧迫

□ 无所谓，可有可无 □ 没有培训需求

（4）关于以下培训理念，您比较认同哪些（多选限 3 项）：

□ 培训很重要，公司逐步发展壮大，应该发展和完善培训体系，帮助员工成长，吸引和留住人才

□ 作为销售经营型公司，业绩最重要，培训对员工而言是一种负担，会占用员工工作和休息时间

□ 以公司业务特点而言，外部讲师不了解公司的经营状况与业务特点，培训也不会有什么效果

□ 基本上，公司招聘来的员工都是有经验的熟手，已经符合公司的要求，不需要花大力气去进行培训

□ 主要依靠公司内部的培训力量就够了，让经验丰富的员工或经理来担任讲师，他们熟悉公司的情况

□ 其他看法：_____

（5）目前您认为网建中心举办培训的数量怎么样：

□ 非常多 □ 足够 □ 还可以 □ 不够 □ 非常不够

（6）部门内部关于商品知识、行业和市场信息、岗位工作技能的培训、学习、分享是否充分：

□ 非常充分 □ 充分 □ 还可以 □ 不够充分 □ 基本没有分享

（7）您目前的学习状态是：

□ 经常主动学习，有计划地进行

☐ 偶尔会主动学习，但没有计划性，不能坚持

☐ 有学习的念头或打算，但没有时间

☐ 有工作需要的时候才会针对需要学习

☐ 很少有学习的念头

（8）您最能接受的培训方法是（多选限 3 项）：

☐ 课堂讲授法　　☐ 案例研究法　　☐ 情景模拟法

☐ 工作轮换法　　☐ 参观考察法　　☐ 其他：＿＿＿＿＿＿＿

（9）您认为较为理想的培训评估方式是（多选限 2 项）：

☐ 培训组织者与学员面谈

☐ 培训效果问卷调查

☐ 写培训心得

☐ 培训考核

☐ 学员直属领导或同事评价

☐ 绩效考核

☐ 其他：＿＿＿＿＿＿＿

（10）您认为哪种培训方法最有效（多选限 5 项）：

☐ 讲授　　☐ 案例分析　　☐ 游戏　　☐ 情景模拟　　☐ 课堂讨论

☐ 团队合作　　☐ 专题研讨会　　☐ 公开讨论会　　☐ 视频

☐ 光碟　　☐ 户外训练　　☐ 组织参观　　☐ 交流座谈会

☐ 其他：＿＿＿＿＿＿＿＿＿＿

（11）公司在安排培训时，您倾向于选择哪种类型的讲师：

☐ 实战派知名企业高管　　☐ 学院派知名教授学者

☐ 职业培训师　　☐ 咨询公司高级顾问　　☐ 本职位优秀员工

☐ 其他：＿＿＿＿＿＿＿＿＿＿＿＿＿＿

（12）以下讲师授课风格及特点，您比较看重哪一点：

☐ 理论性强，具有系统性及条理性

☐ 实战性强，有丰富的案例辅助

☐ 知识渊博，引经据典

☐ 授课形式多样，互动参与性强

☐ 语言风趣幽默，气氛活跃

☐ 激情澎湃，有感染力和号召力

☐ 其他：＿＿＿＿＿＿＿＿＿＿＿＿＿＿＿＿＿

（13）您认为培训时间安排在什么时候比较合适：

☐ 上班期间，如工作日下午 2 ～ 3 小时

☐ 工作日下班后 2 ～ 3 小时

☐ 周末 1 天　　☐ 周末 2 天

☐ 无所谓，看课程需要来定

☐ 其他：＿＿＿＿＿＿＿

3. 对需求调查进行分析

通过需求调查后，我们就能对其数据进行整理汇总和分析，最后制作需求报告。在分析培训需求时，主要有以下几点。

①汇总培训需求调查结果，并与企业进行确认。

②企业或学员的现状。

③企业或学员现存的主要问题、重点问题和普遍问题。

④企业或学员希望的培训的方式以及他们的想法。

4. 撰写培训需求报告

对培训需求调查结果进行整理、总结和分析后，我们就可以制定出培训需求报告。一份较完整的培训需求报告，包括这样几个方面：

① 对培训需求报告进行要点概括。

② 需求调查实施的背景、目的和性质。

③ 需求调查分析实施的方法和流程。

④ 对需求分析提出简要建议。

⑤ 附录。根据实际需要确定是否要包括该部分内容，是否需要对需求分析的方法进行说明，从而让学员或企业进行评判，如方法是否科学、合理等。

下面是摘取的部分培训需求报告。

案例范本

培训需求报告

【培训需求调查概况】

1. 调查问卷及调查对象

为了有效提高调查的针对性及可信度，特设置了《2021 培训计划问卷调查》。经过数据整理分析，基本能反映客观事实和大部分职工对培训工作的评价和期望。

2. 调查问卷结构与内容

调查问卷分三卷：第一卷由主管领导填写；第二卷由部门负责人填写；第三卷由员工填写。每卷分两个部分：第一部分为培训意愿和需求调查，第二部分为对培训的意见和建议。

3. 调查问卷的发放与回收

办公室给各部门员工纸质档调查问卷共 235 份，收回 198 份，回收率为 84.2%。其中，主管领导回收率为 21.7%，部门负责人回收率为 21.7%，员工回收率为 56.6%。

【培训需求调查统计结果及分析】

（1）培训需求统计分析问卷调查中针对培训意愿、培训需求，共设置了 7 个调查项，列举 3 个具体相关调查结果，分析如下。

① 您认为分管部门最需要哪方面的人才？

20%的人选择中高层管理人员，45%的人选择专业技术人员，20%的人选择一线操作人员，15%的人选择文秘。说明多数员工认为分管部门缺乏专业技术人员。

② 您认为适合分管部门的培训方式是什么？

20%的人选择专题讲座，53%的人选择外聘专家，10%的人选择内部培训，17%的人选择经验分享。说明多数人需要外聘专家提供高等技术的培训。

③ 您认为培训对自己有什么用？

10%的人选择拓宽视野，23%的人选择提高技能，42%的人选择增加知识，25%的人选择升职、加薪。说明更多的岗位人员需要增加知识。

（2）您对本部门开展培训工作有何建议，请列举。

只有了解到学员或企业的真实意图和评价，才能有助于我们更好地进行2021年度培训工作的规划和改进，以下汇总具有代表性的建议。

① 专业知识继续深入学习与扩充（涉及新技术应用、勘探、开发、油田注水、综合计量、井下作业等专业技术领域）。

解决设想：这一类型的需求和困惑与员工的知识结构和年龄息息相关，在竞争日益激烈的市场环境下，需要从业人员不断更新和扩充专业知识，紧跟行业发展的步伐，这样才能在竞争中立于不败之地。对于各岗位的专业知识学习将是2021年培训计划中重点规划，通过聘请行业专家内训、送员工外出培训、鼓励员工自学及向经验丰富员工学习等多种形式来解决。

② 操作技能类员工职业技能鉴定培训（包含高级工及技师鉴定培训等）。

解决设想：这一类型的需求是企业每年培训的主要工作，在2021年企业将多注重高级工和技师鉴定培训。培训的内容应尽量贴近企业的实际，案例分析可让员工更易理解和接受，现场应以互动交流和问题分析为主。

2.2
如何精彩地开始培训

一系列的准备工作完成后，我们就可以开始培训。培训师如何才能有一个精彩的开始呢？特别是对于经验不足的培训师而言，我们可以先进行有吸引力的自我介绍，然后巧妙地进行课程的导入。

2.2.1
怎么进行有吸引力的自我介绍

绝大部分培训师在培训正式开始之前都会把自己介绍给学员，为了让自己给学员一个特别的印象，会采取一些特殊的方法。下面我们就分别来介绍这些方法。

1. 故事法

故事法，即讲明名字的来历或者编一个关于名字的故事，这是比较好的方法。如林晓燕，可以这样介绍：我叫林晓燕，据我妈妈讲，在我出生的那天，我家阳台上飞来很多可爱的燕子，于是她就给我起了这个名字；又如林小雨，出生的时候外面下着小雨等。

我们在扩展思维的时候，还可以参照这样几条，如震生（地震时出生）、忆洪（洪水时出生）等。

2. 谐音法

谐音法，即利用谐音也能很好的给人留下想象的空间，留有余味。如邢芸，就可以这样子介绍：我叫邢芸，芸是芸芸众生的芸。又如，我告诉大家一个秘密：你们要经常喊我的名字，你们就会得到好运。因为我的名字的谐音就是——幸运，请大家记住我，我会带给你们幸运的！再如刘学，就可以这样介绍：大家好，我叫刘学，刘是刘备的刘，学是学习的习；我叫刘学，但从小学到大学，我并没有留过级，而后来，我确实去美国留学了半年，现在可谓名副其实啊！

3. 与地名挂钩法

与地名挂钩法，即和自己相关的地方挂钩，既让对方记住了自己的名字，又能让别人知道一些其他信息。

如李淮河，可以这样子介绍：我姓李，在秦淮河边长大，因此我的名字就叫作——李淮河。有很多人的名字里面有湘、蓉、黔等字眼，仔细分析一下也许就是因为他们的出生地在那里，才以地为名。

4. 寓意拆字法

寓意拆字法，简单拆字不可取，但是拆字时可以赋予它深层的寓意。如老舍，姓舒，字舍予——舍予为人，有特别的意义；还有位作家叫张长弓，名字就很特别。

再如，有位培训师名字中有个"富"字，他是这样介绍自己的：我的名字单字一个"富"字，口在中间，口才能致富，必须要学习好演讲口才，所以我希望自己能够话讲出去，钱收回来，让自己真正富起来。

5. 赋予名字意义法

赋予名字意义法，即为自己的名字添加上意义，也会让学员印象深刻。如赵杰，可以这样介绍：赵，是赵钱孙李的赵，百家姓中第一姓；杰，是英雄豪杰的杰，我的理想就是要做一名堂堂正正的英雄豪杰，不枉第一姓的称呼。

6. 古诗词法

古诗词法，即将自己的名字取自于古诗词，这样就可以直接借助诗词句子来进行自我介绍。例如，时新——无边光景一时新；张恨水——自是人生常恨水长东；张习之——学而时习之。

7. 名人对比法

名人对比法，就是将自己的名字与名人进行对比，让自己一鸣惊人。它的语法格式是古有……，今有……或是在下……如古有诗仙李太白，在下设计师李太强。这种方法简单实用，只要自己名字有一个或两个字和名人相似就可以了。

8. 与名人挂钩法

与名人挂钩法，即将自己的名字与名人挂钩，利用名人效应，让学员更容易记住自己。如曾轼亮，可以这样介绍：我叫曾轼亮，曾国藩的曾，苏轼的轼，诸葛亮的亮。这就能一鸣惊人，非常富有创意。

其中需要注意的是，这些名人必须是大家都能熟悉的，不能太生僻或过时，否则就达不到最初的目的。

9. 图像法

图像法，就是营造一种图像，让别人想象一下，这样更能让人记住你的名字。但必须是生动的画面，而不是很难记住的抽象画面。

如林海翔，可以这样介绍：大家肯定都听说过高尔基的《海燕》吧，请大家想象，在苍茫的大海，有一道黑色的闪电，张开翅膀在高傲的飞翔！那就是我——林海翔！

2.2.2
巧妙导入培训课程

作为培训师，要将培训内容引导出来，需要有一定的讲究，包括导入的原则、技巧和禁忌。

作为一名合格和优秀的培训师必须掌握这些讲究，下面分别进行介绍。

1. 课程导入原则

人们在较为陌生的环境中，心理通常会经历3个主要的阶段：控制（Control）—融入（Include）—开放（Open-share），也就是CIO原则，如图2-3所示。

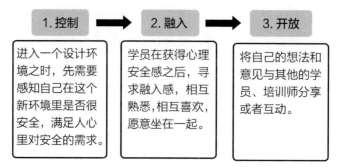

图2-3

鉴于此，培训师在导入课程时需要遵守以下几点原则。

◆ 打破初识印象，引起学员的好奇心和注意力，激起他们积极参与的欲望。

◆ 活动开场最好让学员亲身参与，让学员去写，去开口分享，去参与活动，也可以加入社交的要素。

◆ 引导学员思考，打破学员对课程的抵触。

◆ 树立大家学习的信心，让学员保持一种快乐的心情进入课程。

◆ 让学员明确培训的主要内容，特别是重点学习的内容。

2. 导入课程技巧

导入课程技巧常用的有7种，培训师可直接使用或进行变通，见表2-1。

表 2-1 导入课程的 7 种技巧

方法名称	课程导入设计方法说明
忆旧引新	以学员已有的知识为基础，引导他们温故而知新，通过提问、练习等，找到新旧知识的联系点，然后从已有知识自然过渡到新知识
设疑导入	根据课程要讲授的内容，向学员提出有关的问题，以激发他们的求知欲
开门见山	在培训开始时，培训师先列举课程要达到的课程目标和要求，以求得到培训对象的配合与支持
讨论导入	培训课程一开始，培训师就组织学员对课程所涉及的重要问题进行讨论，启发学员的思维，集中他们的注意力
游戏导入	在培训的开始，培训师先组织大家做游戏，然后再导入对新知识的学习，激发学员参与培训课程的热情

方法名称	课程导入设计方法说明
案例导入	培训开始时,培训师通过引用一个现实的案例导入所要培训的课程内容,增加学员的学习兴趣
影片录像	在培训开始时,培训师让大家观看某一影片或录像,导入所要培训的课程内容,从而集中学员的注意力

无论培训师采用何种技巧导入到培训课程,所选择的内容需注意这样四大标准:

①引起学员对课程内容的兴趣。

②与学员建立信任和友好的关系。

③将学员的注意力集中在授课内容上。

④预告主题包括事件、问题、事实、现象和数据。

在导入课程前,为了让学员更加安心地进入下面的课程中,我们可以解答这样几个困惑:

①大约什么时候会休息?

②大约什么时候用餐?

③临时休息室在什么地方?

④有无特殊的活动安排?

⑤大概什么时候会结束?

⑥结束后是否会有评估?

3. 导入课程禁忌

课程导入,培训师一定要避免涉及这样几个禁忌:

①道歉式开头,如一开口就是:对不起,不好意思,今天准备不充分,还望大家谅解。又或者是:不好意思,领导安排我给大家分享,还望大家支持。

②消极或负面情绪开头，如：我不会耽误大家很多时间，我会很快讲完的。或者是：其实这个课程真没有好讲的，我也不知道领导为什么安排我来讲这个。

③过分夸大自己，如：我敢说这个课程在我们公司里，也只有我能讲。

④时间把握不好，课程导入时间太长，一般要控制在20分钟内（根据总课程量，如果是2个小时的，要控制在5分钟内；1天以上的，要控制在20分钟内）。

2.3
如何完美地结束培训

我们的培训要有一个好的准备、自我介绍、课程导入及演讲。在精彩的开始、过程后，那么也应该有一个完美的结束，从而让整个培训变得精彩和完美。

2.3.1
要点回顾结尾

要点回顾结尾，也可以叫作总结式结尾，是最常用的结尾方式。其目的是告诉学员，内容已经结束，现在需要的是学员在实际中的运用。

其操作方法很简单，在培训即将结束的时候，带领学员一起回忆一下培训的主要内容，再次强调培训的重点内容，加深学员对主题与要点的记忆。帮助学员整理思路，掌握重点。

尤其是培训时间比较长、内容比较多、范围比较广及学员可能有些抓不住重点的情况下，一定不要匆匆结束，给学员一种还有很多内容没有讲完的错觉，更不能让学员带着困惑离开，这时可用上一天或者两天的时间进行回顾综述。

下面是两段采用综述结尾的实例。

入职新员工培训的结束语

今天我们跟大家分享了为什么要培育部下，培育部下的原则和方法。让我们来回忆一下各章的内容……

请问，大家还记得张瑞敏说的那句话吗？部下素质低下不是你的责任，但不能提升部下的素质，就是你的责任！所以说，培育部下是管理人员最重要的职责之一。

今天，我们不但认识到了这一点，还做了很多讨论和演练。请问，对大家而言，今天的培训是结束还是开始？

没错！知道不等于做到，不断演练才会熟能生巧，大家回去后，能够积极运用今天所学的知识和技能吗？大声告诉我，你们因此而让工作更轻松吗？

好的，看来大家很有决心，我期待着各位的行动，也祝大家工作愉快！谢谢各位今天的聆听！

安全培训结束语

俗话说得好，安全生产犹如警钟长鸣，时刻敲响着、提醒着我们。只有对安全意识的重视，并将安全意识落实到实际工作岗位上，才能从根本上消除安全隐患，确保安全生产平稳展开。让我们大家一起再来回忆一下各个生产环节中安全要素的内容……

最后祝愿贵公司蓬勃发展，日胜一日，谢谢大家！

2.3.2
号召结尾

引导或是号召学员在未来的工作中采取相应的行动，通常具有鼓动性、号召性或是要求等。

下面是一段对新入职职员进行内部培训后的结束语。

新员工内部培训结束语

这次培训中我学到了很多知识，但感触最深的是每一位领导基本上都提到一个要求，那就是学习、学习、再学习。一刻也不能放松，不仅要钻研本专业的知识，还要了解其他专业的知识。比如说我自己，就应该多了解勘察、测量等方面的知识，这样有利于我提高工作效率与工作质量。

此外，就是希望大家能尽快地进入工作状态，做好思想意识的转变，从受者转变成施者。我认为我在这方面做得也比较到位，毕竟已经经过了2个月的培训，感觉现在也慢慢走上正轨了。最后就是希望我们能脚踏实地的工作，养成良好的工作与生活习惯，为自己积累资本、为公司创造利益，大家有没有信心？

（学员齐声答：有！！）

那你们还在等什么，赶快把干劲和热情投入未来的工作岗位和学习中去吧！

2.3.3
故事结尾

故事结尾就是用一个意味深长的故事作为整个培训的结尾。当然这个故事要起到深化主题、激发学员思考、促使学员采取行动，并将所学到的知识和技能应用到实际中的作用，达到完美收场的目的。

下面是两则以故事为培训结尾的实例。

授之以鱼不如授之以渔

今天是培训的最后一天，剩下的几分钟我用一则小故事来总结整个培训，希望大家能从这个故事中有所领悟，对未来的工作或生活有所启迪。

有个老人在河边钓鱼，一个小孩走过去看他钓鱼，老人技巧纯熟，所以没过多久就钓了满篓的鱼，老人见小孩很可爱，要把整篓的鱼送给他，小孩摇摇头，老人惊异地问道："你为何不要？"小孩回答："我想要你手中的钓竿。"老人问："你要钓竿做什么？"小孩说："这篓鱼没多久就吃完了，要是我有钓竿，我就可以自己钓，一辈子也吃不完。"

通过这个故事我希望大家能将培训中学习到的知识，也就是"渔"应用到实际工作中，解决具体问题"鱼"。最后，谢谢大家，祝大家身体健康、工作顺利。

案例范本

干吗不去钓鱼呢

最后，我将用一个故事作为我们今天交流的结尾。

一天的光阴对这个乡下来的穷小子来说太长了，而且还有些难熬。但是年轻人还是熬到了 5 点，差不多该下班了。老板真的来了，问他说："你今天做了几单生意？"，"1 单。"年轻人回答说。"只有 1 单？"老板很吃惊，接着说："我们这儿的售货员一天基本上可以完成 20 ～ 30 单生意呢，你卖了多少钱？""30 万美元。"年轻人回答道。

"你怎么卖到那么多钱的？"目瞪口呆，半晌才回过神来的老板问道。乡下来的年轻人说："一个男士进来买东西，我先卖给他一个小号的鱼钩，然后中号的鱼钩，最后大号的鱼钩。接着我卖给他小号的鱼线，中号的鱼线，最后是大号的鱼线。我问他上哪儿钓鱼，他说海边。我建议他买条船，所以我带他到卖船的专柜，卖给他长 6 米且有两个发动机的纵帆船。然后他说他的大众牌汽车可能拖不动这么大的船。我于是带他去汽车销售区，卖给他一辆丰田新款豪华型'巡洋舰'。"

老板后退两步，几乎难以置信地问道："一个顾客仅仅来买个鱼钩，你就能卖给他这么多东西？"

年轻人回答道："不是的，他是来给他妻子买卫生棉的。我就告诉他'你的周末算是毁了，干吗不去钓鱼呢？'"

2.3.4

综合运用

综合运用是将多种结尾的方式进行整合，而不是单纯的某一种，这是最好的结尾方法。只要兼顾培训主题、现场状况、讲师风格、学员反应及时间等各种因素即可。常用到的模式有如下两样。

① 内容概括→重点内容→问题回答→故事/明显警句→感谢大家，结束培训。

② 要点回顾→故事启发→号召→感谢祝福学员或企业，结束。

 知识延伸 | 培训助教结尾方式

助理培训师的结尾方式较为简单，通常都是感谢——感谢培训师、组织方、学员→温馨提示、送上祝福→宣布培训结束。

第 3 章

有效培训的要点和技能

在整个培训体系中，培训进行的过程是重点环节。要想做好培训，达到好的效果，除了要求培训师有扎实的功底和丰富的经验，同时也需要一些小的要点和技能来作为培训的"润滑剂"，使其进展更加顺畅和高效。在本章中我们将会介绍这些要点和技能。

3.1
良好的外在形象和语言为培训加分

　　培训师是整个培训的核心人物，学员大部分焦点都集中到培训师身上，这就要求培训师有一个良好、专业的外在形象，并有着清晰准确的发音。其中，包括着装、表情、身姿、手势及语言等。

3.1.1
服饰——将你的专业权威性提升20%

　　俗话说：人靠衣装、马靠鞍。专业的培训师在一定程度上，扮演着教师或教练的角色，为学员传递知识、解惑答疑和鼓励训练。为了提升培训师的知识权威性和个人的权威性，需要对着装进行严格要求。所以，需要把握好自己的着装，使自己的培训的专业权威性提升20%，从而收到良好的培训效果。从大体方面，培训师着装分为男士和女士，下面分别进行介绍。

1. 男性培训师着装

　　男性培训师专业着装以西装为主，它的要求主要体现在西服、衬衫、袜子等方面，下面分别进行介绍。

　　➤ 西服

　　①单排扣外套的纽扣有2～3颗，有2颗单排纽扣的扣上方一颗，有3颗纽扣的扣上方2颗。

　　②西服衣袖主要有3个方面的讲究，分别是：袖口开口直径大约在15厘米；衬衫袖口应至少露出外套袖口1.5厘米，若手臂较短露出1厘米；西服袖筒在垂直时，上臂处不能出现横向的褶皱，同时保证向手腕略微收窄。

　　➤ 衬衫

　　男士西服搭配的衬衫主要有两个方面的讲究：一是尺寸，如图3-1所示；二是颜色。

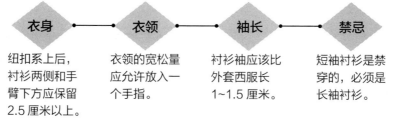

衣身	衣领	袖长	禁忌
纽扣系上后，衬衫两侧和手臂下方应保留2.5厘米以上。	衣领的宽松量应允许放入一个手指。	衬衫袖应该比外套西服长1~1.5厘米。	短袖衬衫是禁穿的，必须是长袖衬衫。

图3-1

衬衫颜色主要包括白色（传统经典色）、浅蓝、米色或乳白色。需要注意的是，带有印花、条纹或格子的休闲衬衫是不被接受的，培训师着装时尽量避免这样穿着。

➢ 领带

领带的讲究主要体现在以下3个方面。

①领带图案以几何图或纯色为主。

②佩戴领带时，领结要饱满，与衬衫领口贴合要紧。

③领带系好后，"大箭头"垂到皮带扣处。

➢ 裤子

搭配西服的裤子有以下3个方面讲究。

①带有卷边或翻边的宽西服裤最好在鞋面上拖得稍低一些。窄的西服裤最好在鞋面上稍高一些。不卷边或翻边的裤子应在鞋面上略垂直于脚后跟。

②裤中线应保持在膝盖和鞋面中央，裤腰应穿在腰际。

③培训师在站立时，不能露出袜子。

➢ 袜子

搭配袜子的要求主要有3个方面，分别是颜色、材质和长度。

①袜子颜色主要是以黑色、深棕色、深蓝色和炭灰色为主，忌白色和彩色的袜子。

②袜子材质主要是优质的棉袜、羊毛袜。

③袜子要足够长，保证踢腿或蜷腿时不露出腿。

➢ 皮鞋

皮鞋的颜色和样式要与西装搭配，如深蓝色或黑色西装，则搭配黑色皮鞋；咖啡色西装，则可以穿棕色皮鞋。其中，压花、拼色等样式皮鞋不合适。

2.女性培训师着装

女性培训师着装主要有3个方面讲究，一是色彩的深浅、纯杂、明暗，图案的简单和复杂，以及规则与凌乱。二是面料的厚薄、挺括与下垂等。三是款式的松紧、经典与现代，复杂与简洁。

女性培训师在具体的搭配中，可以按照以下几种方法进行着装。

① 单色或成套服装的搭配。

② 绚丽与朴素、花与素的搭配。其中，花与素搭配，也就是绣花或花纹裙子与素上衣搭配。

③ 黑与白、明与暗的搭配。其中，较为经典的搭配是黑色外套、裤子和白衬衣搭配。

④ 棉质硬挺与柔软的搭配。通常是柔软的裙子或裤子和硬挺的上衣搭配。

⑤ 上紧下松、下紧上松、里紧外松、外紧里松的松紧搭配。

下面是一份企业对内部培训师的着装形象的规定，培训师可进行相应借鉴与参考。

案例范本
培训师形象要求

【服饰】

1.服装

（1）培训师必须穿着工作服，并保持工作服洁净、平整、挺括。

（2）新员工若无统一工作服，需自行购买白色衬衫、黑色套装等接近工作服的职业装。

（3）衬衫衣领、袖口需保持干净，扣好纽扣，领口最上一颗可不扣。

（4）培训期间工作服下装以裙装为主，特殊情况可以穿裤子。

2. 丝巾

培训师需佩戴丝巾，按规定形状打丝巾，并保持丝巾干净、整洁。

3. 丝袜

培训师穿裙子需搭配黑色丝袜。

4. 鞋子

（1）培训师需穿着黑色、全包脚皮鞋，不宜露趾。

（2）除及踝靴外不宜穿着各类长短靴。

（3）鞋跟需独立，跟高在 3 ~ 5 厘米之间。

【饰品】

1. 头饰

培训师不宜佩戴过于花哨的头饰。

2. 首饰

（1）耳部不可佩戴垂悬耳坠。

（2）手部佩戴戒指不超过 1 个，限铂金色。

（3）项链不宜外露。

【妆容】

（1）必须带妆上课，以淡妆为主，须使用粉底、眼线、唇膏或唇彩。

（2）可以涂指甲，但不宜夸张，以清透裸色系为主。

【发型】

（1）每人需按指定发型上课，若有新发型，需集体审核通过。

（2）头发干净、整洁，不能太过毛躁。

3.1.2
表情——好面容不如好表情

表情是人的内心情感在面部形象上的表现。要成为一名优秀的培训师，就得掌握一些"表情包"，其主要由3部分组成，分别是面容、眉目和嘴唇表情。

1. 面容表情

培训师面容表情能传递出直观信息，学员也会直接受其影响。同时，培训师在针对不同的培训内容、时间点和具体问题时，需根据实际情况做出面容表情。如平时的通用表情是微笑，表情柔和，目光平和。在表现注意和惊奇的感情时，浮现前额纹。

2. 眉目和嘴唇表情

眉目表情是眉毛与眼眶的组合表现，不是眼神，培训师可通过眉目形状的变化来表达和传递当下的感情。如表示愤怒时两眼圆睁，双眉竖起；表示忧愁时，可将双眉紧锁；表示思考时，眉头微皱等。

嘴唇表情主要是通过嘴唇的张合、嘴角角度来实现的。培训师除了用嘴讲话外，还可以根据实际需要进行表情的展示和传递。常见的嘴唇表情有这样一些。

①嘴唇紧闭，口角直平，表示坚决、果敢。

②嘴唇紧闭，口角向下，表示不高兴或不满。

③嘴唇大张，表示畏惧惊恐、惊愕诧异。

④嘴角向上，表示高兴愉快。

3.1.3
手势——专业培训需要掌握的交流手段

对于培训师而言，手势也是一种重要交流或传递信息的手段，能直接体现出培训师的专业性。在培训讲课过程中，培训师的专业手势有这样一些，见表3-1。

表 3-1 培训师专业培训手势

表达／传递信息	手　势
交流沟通	五指并拢，掌心向上，双手前伸
拒绝	掌心向下，做横扫状
致意	五指并拢，掌心向前
警示	掌心向前，双手上举
号召	手掌斜上，挥向内侧
区分	手掌侧立，做切分状
延伸	掌心相对，向外展开
鼓舞	握拳，挥向上方
否定	手掌斜下，挥向外侧
决断	握拳，挥向下方
指明	五指并拢，指向目标
组合	掌心相对，向内聚拢
好、可以	拇指、食指成了弧形，其余手指伸开
微不足道、蔑视	竖起小指，其余四指弯曲合拢

3.1.4
语言——让学员认真听讲

培训中通过语言来向学员讲解内容、传授知识和答疑解惑等，是不可缺少的元素和途径。但是，语言不完全等于说话，合格培训师的语言有4个方面的要求。

◆ **音量：** 说话时声音的响亮程度和音量的对比能突出强调重点，主要表现在这样几点上：在需要时变化音量和语速，如强调某处时，适当提高音调和放慢语速；在有深刻内涵或重要内容时调整音量。

◆ **语速：** 每分钟说出的字数。一般情况下每分钟约150字，会议情况下每分钟 180 ～ 200 字，熟练培训师每分钟约 300 字。停顿是语速控制的一种具体表现，它常用在过渡时，在回答问题前，为取得强调效果等。最常见的训练法有练习最大声、最快速、最清晰等。

◆ **吐字**：吐字的清晰程度。清晰的吐字能使学员明确地接收到你传达的信息，这也是培训师最基本的要求。

◆ **感染力**：说话时融入感情色彩，使学员在听课时感觉更轻松、愉快。

下面精选了培训师发声方面的部分实际练习方案。

案例范本

培训师发声方面的实际练习方案

1. 音准练习

四和十、十和四，四十和四十，十四和十四，谁说四十是"细席"，谁说十四是"实世"。

2. 爆破音练习

八百标兵奔北坡，炮兵并排北边跑。炮兵怕把标兵碰，标兵怕碰炮兵炮。八了百了标了兵了奔了北了坡，炮了兵了并了排了北了边了跑。炮了兵了怕了把了标了兵了碰，标了兵了怕了碰了炮了兵了炮。

3. 低层音练习

参观一座阴森的古堡时，一位女士悄悄告诉导游，她很怕鬼，害怕在参观时会碰上一个。为了安慰她，导游对她说，他在这里工作这么多年，从来也没见过一个鬼。女士问导游："你在这里工作多久了？"，导游低沉的回答："三百年。"

4. 弱控制练习（缓慢持续地发出 ai、uai、uang 和 iang，声母和韵母之间气息拉长，要均匀、不断气）

床前明月光，疑是地上霜。举头望明月，低头思故乡。

春眠不觉晓，处处闻啼鸟。夜来风雨声，花落知多少。

5. 口腔共鸣训练

元音练习：ba、da、ga、pa、ta、ka、peng、pa、pi、pu、pai

词组练习：澎湃、冰雹、拍照、平静、抨击、批评、哗啦啦、噼啪啪、咣啷啷、扑通通、呼噜噜、快乐、宣纸、挫折、菊花、捐助、吹捧。

3.2
培训过程中怎么进行有效的提问

培训中，我们要与学员进行有效的互动。其中，提问是最直接的方式之一。不过提问不是随意性的，而是要进行有效的提问，因为目的是激起学员的参与性和主动性，了解和探寻学员的情况，对他们进行引导，启发思维，有时还可以打破僵局。

3.2.1
提问的方式有哪些

在培训中培训师提问的方式，常用到的有以下几种。

1. 封闭式提问

封闭式提问是要找到一个明确的答案，回答通常为是或不是，或是要求学员做出问题的答案选项（答案选项由培训师提供）。这类问题通常是以"什么""何时"或"多少"开头，或是问对方同意或不同意指定观点或说法等。如"你对这个计划满意吗？""他的回答正确吗？"……

2. 开放式提问

开放式提问的显著特点是问题条件不完善、答案不确定，也就是没有标准答案，学员发挥的程度很大。如"你觉得灵活的工作时间怎么样？""你对目前的培训进度有什么建议吗？""如果你是主管你会采取哪些措施？""如果将你的工资涨3倍，你会怎样？"等。

3. 直接式提问

直接式提问将直接向指定学员提问并让其回答，其目的是听取对方意见或测试其对知识的理解程度。如"张××，你有什么建议和看法？""李××，你认为工作中最重要的是什么？"等。

4. 间接式提问

间接式提问有个明显特点，就是任何人都可以回答，其对象是多人、一批人或整个团队，是引起话题的好方法。如"刚才讲到的重点是什么呢？有谁知道吗？"

5. 无回答式提问

无回答式提问不需要学员回答，而是自己来作答，以引出自己的观点和看法。所以，它的提问有两个特征：一是不向具体学员提问；二是这个问题能让全部学员留下深刻印象。如"今天培训内容的重点是什么呢？可能是……"

3.2.2 提问技巧

在提问的过程中，为了让学员的互动性和参与积极性更强，使更多的学员参与进来，我们的提问可以采用以下一些技巧。

①提问后稍作停顿，给学员思考的时间。

②观察学员身体语言，让自愿者回答。

③避免用轮流方法点名进行问题回答，如名字笔画顺序、座位顺序、学号顺序等，因为一旦学员发现规律，对于不是自己回答的问题就会掉以轻心或不关心，从而减少了参与性。

④用眼色鼓励每一位学员，让他们自愿回答。同时，让学员感受到重视

和鼓励。

⑤避免经常或多次让知道答案的人回答问题，尽量让更多的人参与，启发大家的思考。

⑥无论学员回答是否准确，都可以表示谢谢他的回答。如果有补充的问题要及时补充。

⑦问的问题一定要准确，不能有歧义或争议。

3.2.3
如何处理学员的回答

我们提出问题后，可能得到3种回答结果，分别是没有反应（主要出现在向多人或小组提问的情况）、正确答案、错误答案或是无边际的回答。在应对每一类情况时，我们都有相应的方式处理。

1. 没有反应

对于学员没有人主动回答的情况，培训师可以采用以下常用的4种方法来处理。

① 换一种方法，将问题再陈述一遍。

② 给出相应的提示信息。

③ 若是问题复杂，可以将其拆分成多个简单的小问题。

④ 让指定学员来回答。

2. 正确答案

学员回答正确，我们要表示感谢，并适当进行表扬和鼓励，可用语言或非语言，或两种都用。

➤ 语言方面

① 回答得很好！你说的这点很重要。

② 还有谁有过同样的感受？

③ 好例子!

④ 谢谢你的回答,答案比我想象的要好。

⑤ 答案是正确的,谢谢,请坐。

⑥ 请再说一次你的答案,让每一位学员都听到。

➤ 非语言方面

① 保持目光交流。

② 身体靠近对方。

③ 点头。

④ 竖起拇指,表示鼓励。

3. 错误答案或是无边际的回答

学员回答错误或答案不着边际,可以通过如下几种常用方法进行处理。

① 可以表示抱歉将其打断,并重新解释问题。

② 可能我没有问清楚,我的意思是……

③ 可以给一些更多的提示。

④ 你为什么有这样的回答呢?

⑤ 继续让其他人回答问题,如:有没有人需要补充的?

⑥ 你的答案不正确。

⑦ 你没有讲清楚。

⑧ 这个话题跟课程内容无关。

3.3
修炼掌控培训现场的能力

培训师的控场能力是一项必须要具有的能力,因为培训师要能解决培训中的一些常见问题，如引导学员参与、维持课堂秩序，以及解决学员质疑等。使整个培训得到顺利开展，获得预期效果。

3.3.1
如何鼓励学员参与

学员做任何事情，都由能力和意愿两个方面的因素决定，能力是能不能做，意愿是愿不愿意做。一个人能力再强，如果没有意愿，或意愿不强，都不可能有很好的效果。要想提高学员的积极性和参与度，就需要不断地激励，具体有以下几种方法。

◆ 结合精神或物质的奖励，激发学员的积极性。物质方面的奖励主要是些小玩意、小礼物等。

◆ 用提问、案例分析、分组讨论及游戏等方式，使学员参与其中，让他们从中体验培训的主题和内容。

◆ 在培训中我们给学员设定任务，限定时间完成，会激发竞争意识，促进学员参与的积极性。

◆ 对学员的赞赏和认可进行精神激励，如先进个人、优秀学员、小组标杆等。

◆ 将小组的成绩用白板进行公布，形成组与组、队与队之间的竞争，并进行排名。

下面是一个将学员引入到培训中的分组讨论游戏的案例。

案例范本
将学员引入到培训中的分组讨论游戏

游戏名称：蒙眼三角形

目标：使学员互助合作、形成共识、积极参与到培训活动中。

规则：用眼罩将所有学员的眼睛蒙上，在蒙上眼睛之前先观察一下四周的环境。然后，将双手举在胸前，像保险杆般保护自己与他人。目标是整个团队找到一条很长的绳子，并将它拉成正三角形，且顶点必须对着北方。完成时每个人都要握住绳子。

讨论：

（1）回想一下发生过什么事？

（2）各位是怎么找到绳子的？

（3）各位是如何拉正三角形的？

（4）想象和蒙上眼之前看到的差异大吗？其他人当时的想法如何？

（5）各位觉得绳子像什么？

（6）这个游戏和工作类似吗？

（7）游戏最有价值之处是什么？

3.3.2
气氛比较沉闷怎么办

培训课程中可能会出现气氛较为沉闷的现象，最直接的就是现场气氛低沉，学员听得无精打采，昏昏欲睡。对于这种现象，培训师需要调动学员的整体氛围。常用的有以下几种方法。

◆ 穿插一些趣闻、名人轶事、突发事故、科学幻想或个人经历等，都能激发听众的好奇心。

◆ 说一些关系到学员切身利益的话题，最好是以间接的方式。

◆ 对于青年学员，可讲解一些对人生的探索，对理想的追求，对事业的开拓等话题。

◆ 将笑话、故事穿插于演讲之中，或单独进行。

◆ 掌握学员的基本情况，在演讲过程中穿插一些能满足学员优越感的话题。

◆ 讲一些能满足求知欲望的话题，如陌生的知识领域和无限的宇宙、遥远的过去、神秘的未来等。

◆ 临时更换培训方式，以学员最喜欢的方式进行。

- 以平等的身份和语气与学员交流意见，抱着一种沟通心态进行。

- 使团体成员了解到分担责任的义务，共同运作、催化团体，达成目标。

- 提问或用一些小游戏调动气氛。

下面是一个调动气氛的团队游戏的案例。

案例范本

调动气氛的团队游戏

游戏名称：开火车

用具：无

人数：两人以上，多多益善

方法：在开始之前，每个人说出一个地名，代表自己。但是地点不能重复。游戏开始后，假设你来自北京，而另一个人来自上海，你就要说："开呀开呀开火车，北京的火车就要开。"大家一起问："往哪开？"你说："往上海开"。代表上海的那个人就要马上反应接着说："上海的火车就要开。"然后大家一起问："往哪开？"再由这个人选择另外的游戏对象，说："往某某地方开。"如果对方稍有迟疑，没有反应过来就输了。

兴奋点：可以增进人与人之间的感情。

同时，作为一名优秀的培训师，在培训前也可做些准备，以防止培训中出现氛围沉闷的情况。

3.3.3

遇到个别不配合的学员怎么办

我们在培训过程中，总会遇到这样或那样的不配合甚至是找碴的学员。面对这些学员，我们在尊重的基础上可采用以下措施。

- 可慢慢地、好像无意识地走向他不远处的位子，站在他身边授课，让你的声音足以"吵"到他的耳朵。

◆ 逐个由他身边人开始提问，最后的目标是他，要让他知道你要提问了，但不要直接问他。

◆ 停下授课，看着他，其他的学员会不约而同地看向他，当全班的学员都注视他的时候，然后再做出恰当的行为。如学员聊天正高兴或打电话，我们可以停下授课看着他，让其他学员一起看着他。然后开玩笑地问："这位学员是否有很开心的事情需要跟大家分享？不妨给大家讲一下吧！"把问题抛给他，让他自己觉得自己很没趣。

◆ 对于那些喜欢提意见的学员，我们可以肯定其有道理或正确的地方，忽略那些不恰当的言论或建议。

◆ 对于那些做出蓄意破坏或严重影响其他学员进步行为的阴谋破坏者或是嘲笑或攻击别人的缺点的学员，要保持冷静、耐心，当他们发现自己无法惹恼你时，通常会发泄不满，等发泄好之后就会积极配合你。

◆ 对于从不主动回答问题或做出任何评价、被提问时回答通常也很简短的学员，我们可以宽容一些，不做评判，向他们提出不带威胁性的问题，鼓励他们参与，适时利用其他学员帮助他们参与，关注他们的优点。

虽然说培训过程中，培训师的良好外在形象、说话语音、提问技巧以及现场掌控都非常重要。但是要做好一场培训，培训课件的好坏也是影响培训效果的重要因素。

利用演示文稿（PowerPoint，简称PPT）制作课件，对于培训师来说并不是难事，例如，新建与保存演示文稿、利用母版统一课件风格、课件内容的编辑、在课件中配图等，这些操作都是制作课件中常用的基本操作，本书不再赘述。

但若要制作出优秀的PPT课件就需要掌握一定的技巧。因此，从本书的第4章开始，将以制作独立、完整的培训课件为单元，详细介绍如何在PPT中利用形状、表格、图表、音频、视频、动画等元素制作更具特色的课件效果，同时全图解讲解培训课件的放映技巧，让培训师更好地开展培训。

第 4 章

借助形状制作个性化的培训 PPT

为了让演示文稿的内容展示效果更加多样且更具艺术效果，可以通过形状、艺术字等方式构建丰富的图示效果和文字效果，以此来展示需要表达的内容。此外，还可以通过 SmartArt 图形快速制作具有一定结构的图示效果。

4.1
编排产品知识培训PPT的内容页

对于销售人员来说，公司常常会对他们开展关于产品知识的培训。销售人员只有掌握好基础的产品知识，才能提高自己的业绩。为了能够让销售人员更加准确地了解产品，可以用各类形状制作一个内容页。

本节素材	◉/素材/第4章/产品知识培训.pptx
本节效果	◉/效果/第4章/产品知识培训.pptx

4.1.1
在演示文稿中插入圆角矩形

在演示文稿中，我们可以绘制线条、矩形、基本形状、箭头总汇、公式形状、流程图、星与旗帜、标注和动作按钮等形状。通过合并多个形状，可以生成一个更为复杂的形状。下面以在"产品知识培训"演示文稿中插入圆角矩形为例，讲解相关的操作方法。

步骤01 打开"产品知识培训"素材文件，选择第6张幻灯片，切换到"插入"选项卡中，在"插图"组中单击"形状"下拉按钮，然后在"矩形"栏中选择"矩形：圆角"选项，如图4-1所示。

步骤02 当鼠标光标变为十字形时，在幻灯片的合适位置拖动鼠标绘制形状，完成后释放鼠标即可，如图4-2所示。

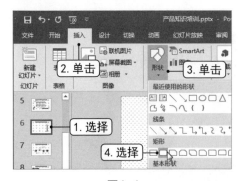

图4-1

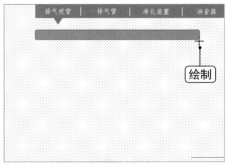

图4-2

4.1.2
复制与排列多个形状

通常情况下，幻灯片中的内容列表不会只有一个，那么就需要绘制多个圆角矩形，此时可以通过复制形状的方法来快速得到多个内容列表。为了获得更好的视觉效果，还需要对多个圆角矩形进行排列，其具体操作如下：

步骤01 选择绘制的圆角矩形，按住【Ctrl+Shift】组合键向下拖动该形状至合适的位置，然后释放鼠标，如图4-3所示。

步骤02 保持【Ctrl+Shift】组合键不放，通过在复制出来的形状上拖动并释放鼠标可以连续复制形状，并调整其位置，如图4-4所示。

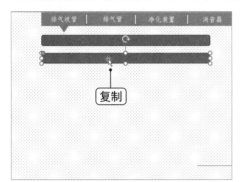

图4-3

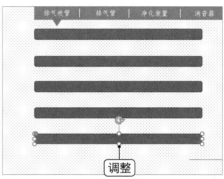

图4-4

步骤03 选择所有的圆角矩形，切换到"绘图工具""格式"选项卡，在"排列"组中单击"对齐"下拉按钮，选择"纵向分布"选项即可使形状纵向均匀排列，如图4-5所示。

步骤04 单击幻灯片中的任一空白位置，退出圆角矩形的选择状态，如图4-6所示。

图4-5

图4-6

4.1.3
旋转并添加形状

由于一种形状组合的样式比较单调，此时可以通过调整形状的方向与位置或者增加形状的类别来丰富幻灯片中的形状组合样式，其具体操作如下：

步骤01 选择圆角矩形，并在其上单击鼠标右键，在弹出的快捷菜单中选择"复制"命令，如图4-7所示。

步骤02 在幻灯片的任一位置单击鼠标右键，然后在弹出的快捷菜单中选择"粘贴选项/使用目标主题"命令，如图4-8所示。

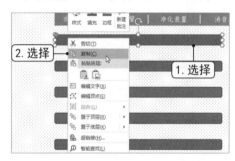

图4-7   图4-8

步骤03 选择复制的圆角矩形，切换到"绘图工具""格式"选项卡中，在"排列"组中单击"旋转"下拉按钮，选择"向右旋转90°"选项，如图4-9所示。

步骤04 将该形状移动到内容列表的左侧合适位置，通过拖动垂直圆角矩形上的控制点以调整其高度，如图4-10所示。

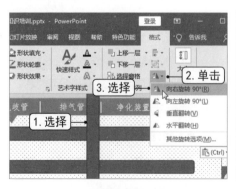 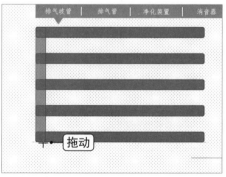

图4-9   图4-10

步骤05 选择任意形状，切换到"绘图工具""格式"选项卡中，在"插入形状"组中单击"形状"下拉按钮，在弹出的下拉列表中选择"椭圆"选项，如图4-11所示。

步骤06 当鼠标光标变为十字形时，按住【Shift】键在形状的合适位置绘制一个大小合适的正圆形状，如图4-12所示。同时，以相同的方法在其他位置绘制圆形。

图4-11

图4-12

知识延伸 | 在中心位置绘制形状

在演示文稿中，按住【Ctrl+Shift】组合键，可以让形状以鼠标光标的当前位置为中心，保持纵横比进行绘制。

4.1.4
套用形状样式

完成形状的绘制后，为了使组合形状的效果更好，可以为其添加合适的样式。演示文稿为用户提供了多种形状样式，我们根据实际需要进行选择即可，其具体操作如下：

步骤01 选择内容列表中的第一个圆角矩形，切换到"绘图工具""格式"选项卡，在"形状样式"组中单击"其他"按钮，如图4-13所示。

步骤02 展开形状样式列表，在"主题样式"栏中选择"浅色-1-轮廓，彩色填充-橄榄色，强调颜色-3"选项，如图4-14所示。

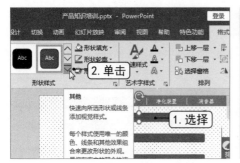

图4-13   图4-14

步骤03 保持圆角矩形的选择状态，切换到"开始"选项卡，在"剪贴板"组中双击"格式刷"按钮，如图4-15所示。

步骤04 在其他剩余的圆角矩形单击鼠标，更改其格式，完成后按【Esc】键退出格式刷功能，如图4-16所示。

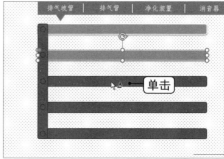

图4-15   图4-16

步骤05 选择左上角的正圆形状，切换到"绘图工具""格式"选项卡，在"形状样式"组中单击"形状填充"下拉按钮，选择"白色，背景 1"选项，如图4-17所示。

步骤06 在"形状样式"组中单击"形状轮廓"下拉按钮，选择"白色，背景 1"选项，如图4-18所示。

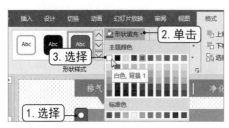
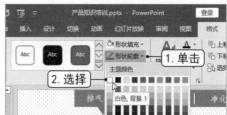

图4-17   图4-18

步骤07 保持正圆圆形的选择状态,切换到"开始"选项卡,在"剪贴板"组中双击"格式刷"按钮,如图4-19所示。

步骤08 此时,鼠标光标呈格式刷形状,单击剩余的正圆圆形,然后单击"格式刷"按钮退出格式刷功能,如图4-20所示。

图4-19

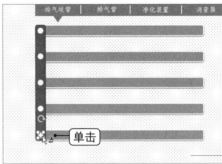

图4-20

4.1.5

为形状添加透明效果

为了更好地衬托和装饰幻灯片中的内容,我们可以为形状添加透明效果,以降低形状的存在感,其具体操作如下:

步骤01 选择左侧的垂直圆角矩形,在"形状样式"组中单击"形状轮廓"下拉按钮,选择"无轮廓"选项,如图4-21所示。

步骤02 保持圆角矩形的选择状态,在"形状样式"组中单击"对话框启动器"按钮,如图4-22所示。

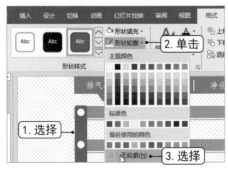

图4-21

图4-22

步骤03 打开"设置形状格式"窗格，在"填充与线条"选项卡中展开"填充"栏，选中"纯色填充"单选按钮，单击"颜色"下拉按钮，然后选择"黑色，文字 1，淡色 50%"选项，如图4-23所示。

步骤04 设置透明度为"60%"，然后单击"关闭"按钮即可关闭"设置形状格式"任务窗格，如图4-24所示。

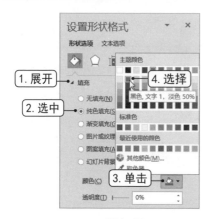

图4-23

图4-24

步骤05 返回到幻灯片中，绘制横排文本框，然后输入相应内容，复制文本框并修改其中的文本即可完成内容页的编排，其效果如图4-25所示。

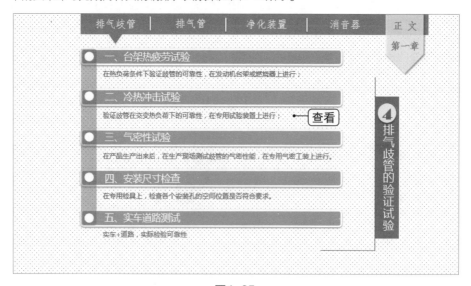

图4-25

一般情况下，我们要录入竖排文字，可以绘制一个横排文本框，然后在其中输入相对应的文字内容，再将其文字方向更改为竖排即可。但是，在文本框对象中，系统不仅提供了横排文本框，还提供了竖排文本框，直接在"形状"下拉列表框中选择"竖排文本框"选项，拖动鼠标绘制一个竖排文本框，然后在其中输入文本内容即可快速完成竖排文本的输入，如图4-26所示。

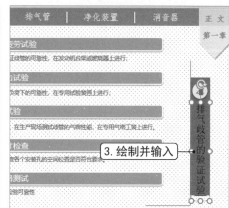

图4-26

制作人力资源工作流程培训演示内容

　　企业内部人力资源方面的工作内容相对而言是比较复杂的，将各种复杂的工作转化成清晰的流程，不仅可以帮助工作人员准确地处理各项事务，还能较大幅度地提高工作效率。

　　人事部门需要通过制作人力资源工作流程培训演示文稿，将一些常见的工作流程梳理出来，对人事部门的新人进行培训讲解，使其了解具体的工作流程，从而更快熟悉相关工作。

下面以制作人力资源工作流程培训演示文稿的内容页为例，讲解利用形状制作个性化流程结构的相关操作。

本节素材	◉/素材/第4章/人力资源工作流程.pptx
本节效果	◉/效果/第4章/人力资源工作流程.pptx

4.2.1
使用箭头形状连接关联的工作流程

在演示文稿中，所有的形状都是浮于幻灯片上方的，因此，使用箭头连接形状时，程序会自动识别连接控制点，从而方便确定要连接的两个形状。此外，如果一张幻灯片中细小的形状比较多，为了便于操作，可以将其组合为一个整体。

下面以在演示文稿中制作"总的工作流程"演示内容为例，讲解使用箭头形状连接工作流程以及组合形状的相关操作，其具体操作如下：

🔲 **步骤01** 打开"人力资源工作流程"素材文件，选择第3张幻灯片，在其中通过圆角矩形形状和文本框形状将相关的工作流程文本内容填写完毕，并排列成3个版块，如图4-27所示。

🔲 **步骤02** 单击"插入"选项卡，在"插图"组中单击"形状"下拉按钮，在弹出的下拉列表中选择"双箭头"形状选项，如图4-28所示。

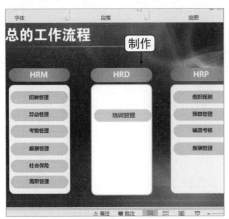

图4-27

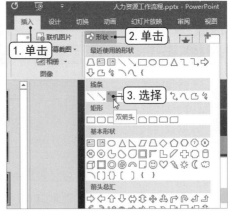

图4-28

步骤03 此时鼠标光标变为十字光标形状，将鼠标光标移动到"招聘管理"圆角矩形的右侧，程序自动显示该形状的4个控制点，将鼠标光标移动到右侧的控制点上，按住鼠标左键不放，拖动鼠标光标到"培训管理"圆角矩形上，此时也会显示该圆角矩形的控制点，将鼠标光标拖动到其左侧的控制点上，释放鼠标左键完成双向箭头形状的绘制，如图4-29所示（由于本案例的主题中绘制的形状都是无轮廓和无填充的效果，因此这里绘制的双向箭头形状只有两个控制点）。

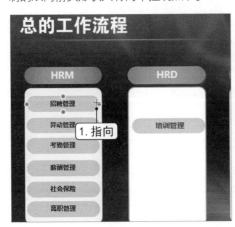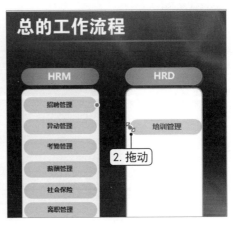

图4-29

步骤04 绘制双向箭头形状后，程序自动激活"绘图工具""格式"选项卡，在"形状样式"组中单击"对话框启动器"按钮，如图4-30所示。

步骤05 在打开的"设置形状格式"任务窗格的"线条"栏中选中"实线"单选按钮，单击"颜色"下拉按钮，在弹出的下拉菜单中选择"深红"颜色，如图4-31所示。

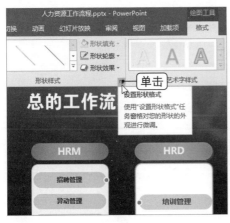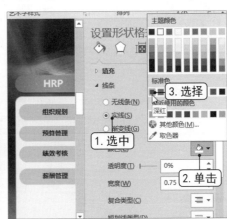

图4-30   图4-31

步骤06 在"宽度"数值框中输入"2.25磅",更改双向箭头形状的粗细,然后单击"短划线类型"下拉按钮,在弹出的下拉列表中选择"圆点"选项更改双向箭头形状的线型,如图4-32所示。

步骤07 单击"箭头前端类型"下拉按钮,在弹出的下拉列表中选择"燕尾箭头"选项更改双向箭头的前端箭头样式,如图4-33所示。

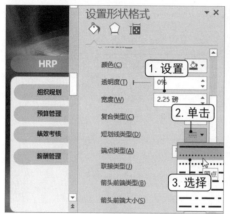

图4-32

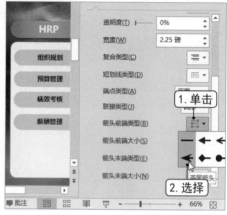

图4-33

步骤08 单击"箭头前端大小"下拉按钮,在弹出的下拉列表中选择"左箭头 9"选项更改前端箭头的大小,如图4-34所示。

步骤09 单击"箭头末端类型"下拉按钮,在弹出的下拉列表中选择"燕尾箭头"选项更改双向箭头的末端箭头样式,如图4-35所示。

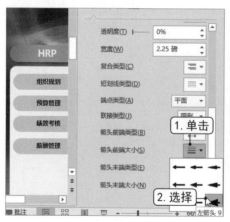

图4-34

图4-35

步骤10 单击"箭头末端大小"下拉按钮，在弹出的下拉列表中选择"右箭头 9"选项更改末端箭头的大小，如图4-36所示。

步骤11 复制6个双向箭头形状，将其连接到工作流程中的合适位置，如图4-37所示。关闭"设置形状格式"任务窗格。

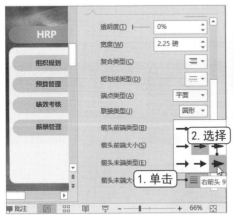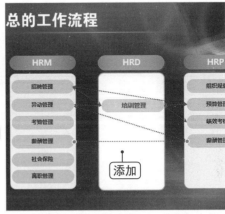

图4-36   图4-37

步骤12 拖动鼠标框选幻灯片中的所有形状对象，单击"绘图工具""格式"选项卡"排列"组中的"组合"下拉按钮，在弹出的下拉列表中选择"组合"命令将选择的所有形状对象组合成一个整体，如图4-38所示。

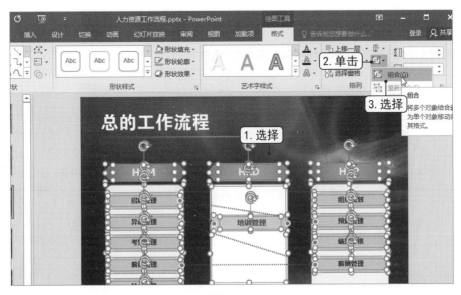

图4-38

在演示文稿中，选择所有要组合的形状对象后，单击鼠标右键，在弹出的快捷菜单中选择"组合-组合"命令即可将所选对象组合在一起形成一个整体，如图4-39（左）所示。如果要取消组合形状，直接选择组合对象后，单击鼠标右键，在弹出的快捷菜单中选择"组合-取消组合"命令即可，如图4-39（右）所示。

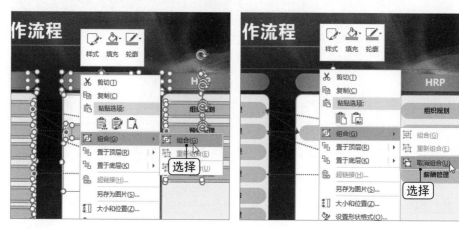

图4-39

4.2.2
利用任意多边形形状制作招聘流程

　　在本例的"招聘流程"介绍中，主要从准备阶段、实施阶段和评估阶段这3个阶段进行介绍，并介绍了各流程阶段的具体工作内容，如图4-40所示。

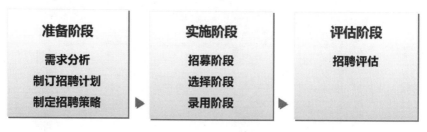

图4-40

　　现在需要通过任意多边形形状，将实施阶段和具体实施内容隔开，从而让整个幻灯片效果更个性化，其具体操作如下：

步骤01 选择第4张幻灯片，在其中结合矩形、三角形和文本框形状构建图4-41所示的招聘流程内容。

步骤02 单击"插入"选项卡，在"插图"组中单击"形状"下拉按钮，在弹出的下拉列表中选择"任意多边形"形状选项，如图4-42所示。

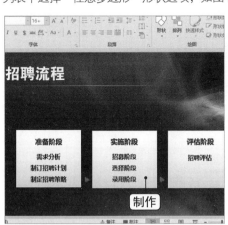

图4-41

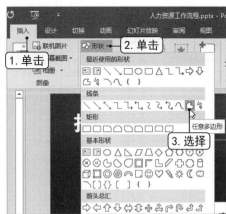

图4-42

步骤03 此时鼠标光标变为十字光标形状，将鼠标光标移动到目标起始位置，单击鼠标左键确定第一个点，按住【Shift】键垂直向上移动鼠标光标，在第二个位置单击鼠标左键确定第二个点，用相同的方法确定第3~6个点，最后按住【Shift】键将鼠标光标移动到起始点位置，单击鼠标左键完成一个封闭多边形的绘制，如图4-43所示。

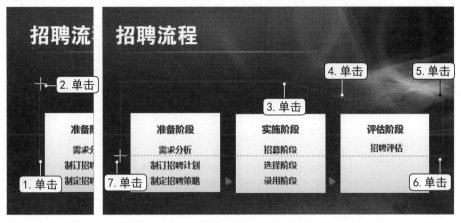

图4-43

步骤04 选择绘制的任意多边形，单击鼠标右键，在弹出的快捷菜单中选择"编辑顶点"命令，如图4-44所示。

步骤05 此时多边形的各顶点全部显示出来，选择上边线的第二个顶点，单击鼠标右键，在弹出的快捷菜单中选择"平滑顶点"命令将其变为平滑顶点，如图4-45所示。

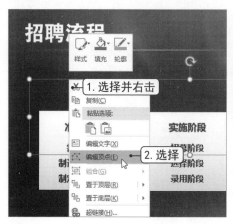
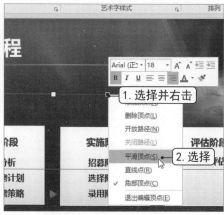

图4-44   图4-45

步骤06 选择任意多边形左上角的顶点，此时将激活该顶点的两个控制滑杆，选择上方的滑杆，向下拖动滑杆减小左上角顶点与上边线第二个顶点之间的弯曲弧度，完成任意多边形轮廓效果的调整，如图4-46所示。

步骤07 单击"绘图工具""格式"选项卡中"形状样式"组的"对话框启动器"按钮，打开"设置形状格式"任务窗格，如图4-47所示。

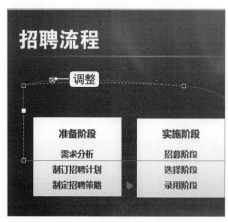
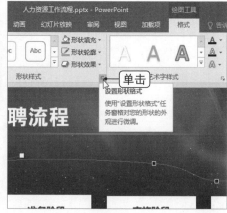

图4-46   图4-47

步骤08 在该任务窗格的"填充与线条"界面中展开"填充"栏，选中"渐变填充"单选按钮，如图4-48所示。

步骤09 在"渐变光圈"栏中选择第二个渐变光圈滑块，单击"删除渐变光圈"按钮即可将该渐变光圈滑块删除，如图4-49所示。用相同的方法将右侧倒数第二个渐变光圈滑块删除。

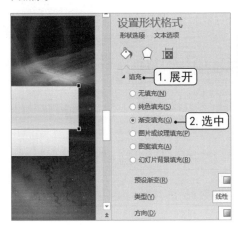
图4-48

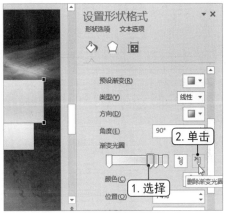
图4-49

步骤10 选择右侧的渐变光圈滑块，单击下方的"颜色"下拉按钮，在弹出的下拉菜单中选择一种颜色，如图4-50所示。

步骤11 用相同的方法为左侧的渐变光圈滑块设置相同的颜色，保持该渐变光圈滑块的选择状态，再次单击"颜色"下拉按钮，在弹出的下拉菜单中选择"其他颜色"命令，如图4-51所示。

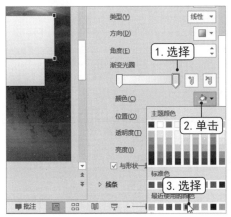
图4-50

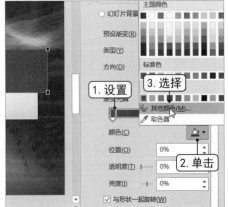
图4-51

步骤12 在打开的"颜色"对话框"自定义"选项卡中拖动颜色滑块确定一种色值，单击"确定"按钮关闭对话框并应用该色值，如图4-52所示。

步骤13 复制一个任意多边形形状，为其设置对应的渐变填充颜色，效果如图4-53所示。

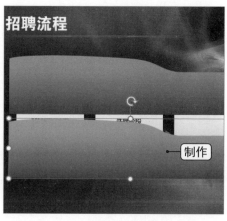

图4-52　　　　　　　　　　　　　　　　图4-53

步骤14 保持复制的任意多边形形状的选择状态，在右侧窗格中单击"大小与属性"选项卡，展开"大小"栏，在"旋转"参数框中输入"180°"完成形状的旋转，单击"关闭"按钮关闭任务窗格，如图4-54所示。

步骤15 调整两个任意多边形的位置使其接拢，然后选择两个任意多边形形状，单击"绘图工具""格式"选项卡"排列"组中的"组合"下拉按钮，在弹出的下拉列表中选择"组合"选项将两个形状组合为一个整体，如图4-55所示。

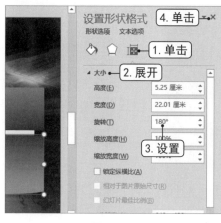

图4-54　　　　　　　　　　　　　　　　图4-55

步骤16 选择组合的形状，单击"绘图工具""格式"选项卡"排列"组中的"下移一层"按钮右侧的下拉按钮，在弹出的下拉列表中选择"置于底层"选项，将其置于所有形状的最下方，如图4-56所示。

步骤17 两次单击组合形状中下方的形状将其单独选择，按住鼠标左键向上拖动该形状的上边线到标题文本与内容文本之间的位置后，释放鼠标左键完成形状高度的调整，至此完成该内容页幻灯片的制作，其最终效果如图4-57所示。

图4-56

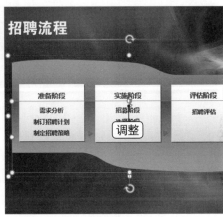

图4-57

4.2.3
使用立体球和标注展示企业薪酬基本程序

在工作流程的介绍中，最重要的就是将各个流程的具体程序介绍清楚，除了使用文本框添加文本说明以外，还可以通过标注形状添加具有指向性的说明。

在本例中，将通过设置渐变填充来制作立体感十足的立体球效果，该效果主要展示企业薪酬基本程序的步骤，而各步骤的内容将使用标注形状来呈现。以此为例介绍标注形状的具体应用，其操作如下：

步骤01 选择第5张幻灯片，在其中绘制一个椭圆，打开"设置形状格式"任务窗格，为椭圆形状设置渐变填充效果，这里只保留首尾两个渐变光圈滑块，并为其设置对应的颜色，如图4-58所示。

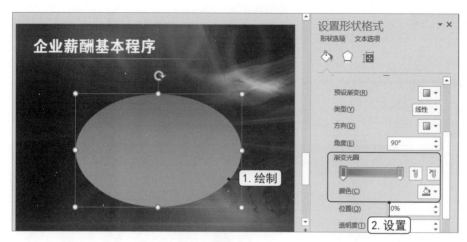

图4-58

步骤02 绘制一个白色填充色的椭圆形状，将其叠放到渐变填充椭圆上方的合适位置，选择白色填充色的椭圆形状，在其上单击鼠标右键，在弹出的快捷菜单中选择"编辑文字"命令，如图4-59所示。

步骤03 程序自动将文本插入点定位到椭圆形状中，输入"薪酬基本程序"文本，然后为文本设置相应的字体格式，完成在形状中添加文本的操作，如图4-60所示。

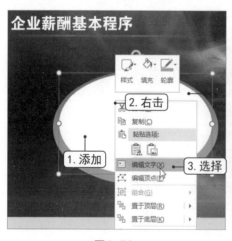

图4-59

图4-60

步骤04 绘制一个正圆形状，在"设置形状格式"任务窗格中选中"填充"栏中的"渐变填充"单选按钮，如图4-61所示（如果设置过渐变填充，当重新绘制其他形状并选中"渐变填充"单选按钮后，都会自动应用最近一次设置的渐变填充效果）。

步骤05 将首尾渐变光圈的颜色设置为"绿色，个性色 1"，在渐变色条上单击鼠标左键添加一个渐变光圈滑块，保持选择状态，在下方的"位置"参数框中输入"7%"数值，精确设置渐变光圈滑块的添加位置，如图4-62所示。

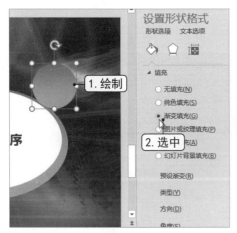

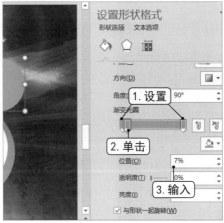

图4-61   图4-62

步骤06 单击"颜色"下拉按钮，在弹出的下拉菜单中选择"白色，文字 1"颜色，更改第二个渐变光圈滑块的颜色，如图4-63所示。

步骤07 在28%的位置再添加一个渐变光圈滑块，将其颜色设置为"绿色，个性色 1"，此时即可查看到正圆形状上方添加的高光效果，如图4-64所示。

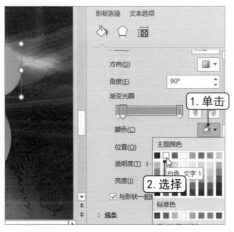

图4-63   图4-64

步骤08 分别在50%的位置和90%的位置添加一个渐变光圈滑块，并且将50%位置的渐变光圈滑块的颜色设置为比"绿色，个性色 1"颜色稍微深一点的颜色，将90%位置的渐变光圈滑块的颜色设置为比"绿色，个性色 1"颜色浅一点的颜色，形成多个层次的颜色，完成立体球效果的制作，如图4-65所示。

步骤09 保持立体球形状的选择状态，在"设置形状格式"任务窗格中单击"大小和属性"选项卡，展开"大小"栏，分别在"高度"数值框和"宽度"数值框中输入"3"厘米，精确调整制作的立体球形状的大小，如图4-66所示。

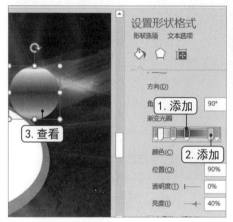
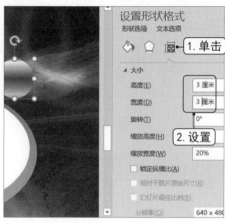

图4-65   图4-66

步骤10 展开"文本框"栏，分别在"左边距""右边距""上边距"和"下边距"参数框中输入"0厘米"取消形状四周的间距，如图4-67所示。

步骤11 在制作的立体球形状中添加"Step 1"文本，并设置相应的字体格式，如图4-68所示。最后，关闭"设置形状格式"任务窗格。

图4-67   图4-68

步骤12 将制作的立体球形状移动到薪酬基本程序椭圆形状的正上方，再复制5个立体球形状，将其分布排列在椭圆形状的合适位置，并按顺序修改其中的步骤序号，如图4-69所示。

步骤13 单击"插入"选项卡，在"插图"组中单击"形状"下拉按钮，在弹出的下拉列表的"标注"栏中选择一种标注样式，这里选择"线形标注 2（带强调线）"选项，如图4-70所示。

图4-69

图4-70

步骤14 此时鼠标光标变为十字光标形状，按下鼠标左键不放拖动鼠标光标在"Step 1"立体球形状的合适位置绘制一个标注形状，为其设置对应的外观格式，并在其中输入指定格式的文本内容，如图4-71所示。

步骤15 复制5个标注形状，将其分布到其他立体球形状的合适位置，对应修改各流程步骤的具体程序内容，完成企业薪酬基本程序幻灯片的制作，如图4-72所示。

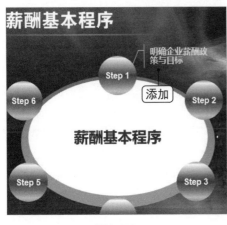

图4-71

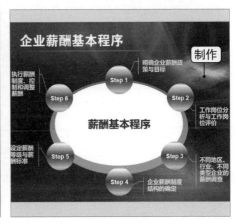

图4-72

4.2.4
使用基本形状构建切割三角形展示员工离职流程

虽然演示文稿中提供了多种形状，但是如果这些形状仍然不能满足用户的实际表达需求，还可以通过内置的形状构建其他个性化的形状。

例如，在本例中将利用直角三角形形状和多个直角梯形形状构建切割三角形展示员工离职流程，其中直角梯形形状是编辑矩形形状的顶点得到的。下面介绍相关的具体操作步骤。

步骤01 选择第6张幻灯片，在其中绘制一个直角三角形，通过调整顶点和方向使其得到图4-73所示的轮廓效果的直角三角形，打开"设置形状格式"任务窗格，在"填充"栏中选中"渐变填充"单选按钮，设置渐变的角度为"270°"，分别设置第一个渐变光圈和最后一个渐变光圈的颜色，并将最后一个渐变光圈的位置调整到"78%"的位置。

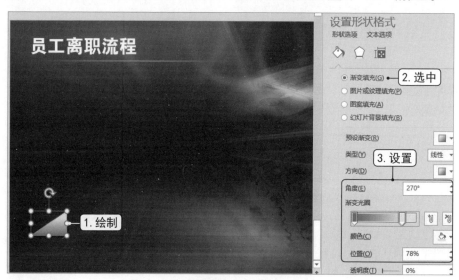

图4-73

步骤02 在"绘图工具""格式"选项卡"插入形状"组的列表框中也包含了程序内置的各种形状，在其中选择"矩形"形状，如图4-74所示。

步骤03 拖动鼠标光标在幻灯片的合适位置绘制一个矩形形状，在"设置形状格式"任务窗格的"填充"栏中选中"渐变填充"单选按钮，程序自动为其应用与直角三角形形状相同的渐变填充效果，在"绘图工具""格式"选项卡"大小"组的"宽度"数值框中输入"2.8"厘米（与直角三角形的宽度相同），如图4-75所示。

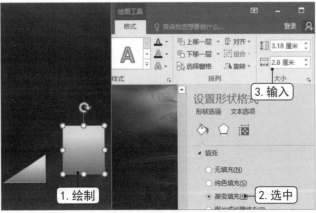

图4-74   图4-75

步骤04 选择添加的两个形状，单击"绘图工具""格式"选项卡"排列"组中的"对齐"下拉按钮，在弹出的下拉菜单中"底端对齐"选项将两个形状靠底部对齐，如图4-76所示。

步骤05 选择矩形形状，进入到其顶点编辑状态，按住【Shift】键不放，向下拖动左上角的顶点到直角三角形右上角顶点位置，如图4-77所示。用相同的方法调整矩形形状右上角的顶点位置，使得到的直角梯形的斜边与直角三角形的斜边在同一斜度上。

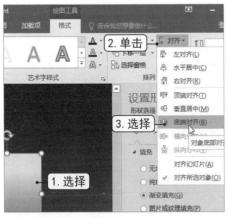

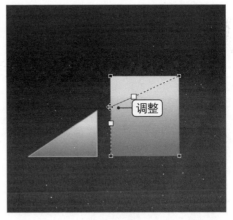

图4-76   图4-77

步骤06 复制4个直角梯形形状，调整其斜度，使所有的形状的斜边保持在同一斜度上，选择所有的形状，在"绘图工具""格式"选项卡的"排列"组中单击"对齐"下拉按钮，在弹出的下拉列表中选择"横向分布"选项使所有的形状在水平方向上均匀分布，如图4-78所示。

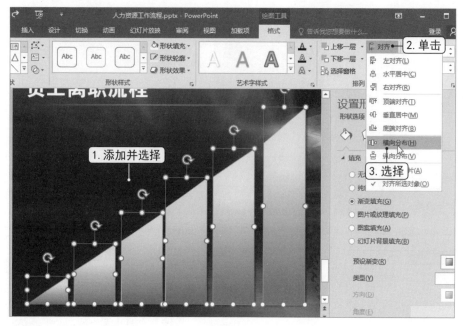

图4-78

🔖 **步骤07** 在分割的直角三角形之间插入指定格式的分隔线，并添加合适的文本内容，如图4-79所示。

🔖 **步骤08** 在分割直角三角形下方添加水平向右的渐变填充箭头，指明工作流程的方向，完成员工离职流程幻灯片的制作，如图4-80所示。

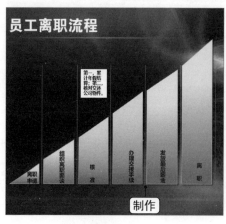

图4-79

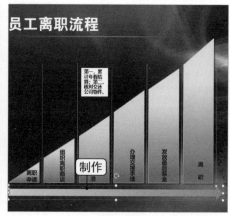

图4-80

4.3

制作组织结构幻灯片

对于公司而言，定期对员工进行公司简介培训是很有必要的，特别是有新员工入职时，让新员工了解公司当前的发展状况颇为重要。公司组织结构图是公司简介培训演示文稿中不可或缺的内容，为了快速制作出直观的组织结构图，可以通过插入SmartArt图形来完成。

本节素材	◎/素材/第4章/公司简介培训.pptx
本节效果	◎/效果/第4章/公司简介培训.pptx

4.3.1

在幻灯片中插入SmartArt图形

SmartArt图形是信息和观点的视觉表现形式，可以帮助我们快速、轻松且有效地传达信息。下面以在"公司简介培训"演示文稿中插入SmartArt图形为例，讲解相关的操作方法。

步骤01 打开"公司简介培训"素材文件，选择第13张幻灯片，切换到"插入"选项卡，在"插图"组中单击"SmartArt"按钮，如图4-81所示。

步骤02 打开"选择 SmartArt 图形"对话框，单击"层次结构"选项卡，选择"组织结构图"选项，然后单击"确定"按钮即可在幻灯片中插入SmartArt图形，如图4-82所示。

图4-81

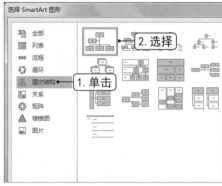

图4-82

4.3.2
调整SmartArt图形的布局效果

由于在幻灯片中插入的SmartArt图形处于基础布局，并不是很美观，无法满足我们的实际需求，因此为了获得更好的展示效果，需要对其布局进行调整，其具体操作如下：

步骤01 关闭左侧的文本窗格，在SmartArt图形中选择第2排的形状，在"SmartArt工具设计"选项卡的"创建图形"组中单击"添加形状"下拉按钮，然后选择"在后面添加形状"选项，如图4-83所示。

步骤02 在SmartArt图形中选择第3排的第1个形状，在"创建图形"组中单击"添加形状"下拉按钮，选择"在前面添加形状"选项，如图4-84所示。

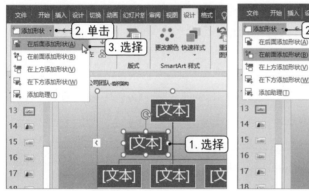
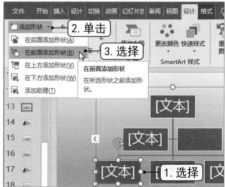

图4-83　　　　　　　　　　　　　　　图4-84

步骤03 以相同的方法在第3排再次添加一个形状，然后在SmartArt图形中选择第3排的第2个形状，单击"添加形状"下拉按钮，选择"添加助理"选项，如图4-85所示。

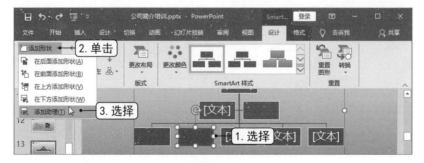

图4-85

步骤04 以相同的方法在相应的位置添加形状，然后通过拖动SmartArt图形的边框，调整图形的大小和位置，如图4-86所示。

步骤05 选择第3排的第1个形状，两次单击"创建图形"组中的"添加形状"按钮，从而快速在选择形状的下方添加形状，如图4-87所示。

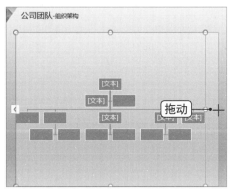

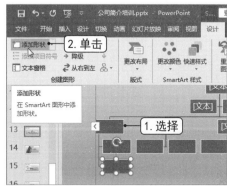

图4-86	图4-87

步骤06 选择第3排的第1个形状，在"创建图形"组中单击"布局"下拉按钮，选择"左悬挂"选项即可让该形状下的两个形状调整方向，如图4-88所示。

步骤07 选择第1排中的形状，切换到"SmartArt工具""格式"选项卡，如图4-89所示。

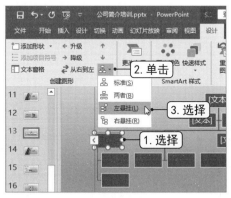

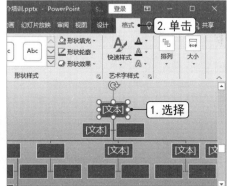

图4-88	图4-89

步骤08 在"形状"组中单击"更改形状"下拉按钮，然后在"星与旗帜"栏中选择"双波形"选项，如图4-90所示。

步骤09 此时，目标形状将更改为双波形，单击幻灯片中的任一空白位置，即可退出形状选择状态，如图4-91所示。

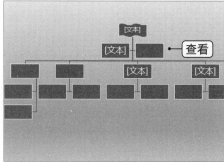

图4-90　　　　　　　　　　　　图4-91

4.3.3
输入组织结构图的内容

组织结构图的形状设计完成后，就可以向其中输入相应的文本，除了常规的录入文本方法，还可以通过文本窗格来向SmartArt图形中的形状录入文本，其具体操作如下：

步骤01 选择SmartArt图形，切换到"SmartArt工具""设计"选项卡，在"创建图形"组中单击"文本窗格"按钮，如图4-92所示。

步骤02 打开文本窗格，在第1排文本占位符中单击鼠标，定位文本插入点，然后向其中输入相应的文本，即可在SmartArt图形中对应的位置录入文本，如图4-93所示。

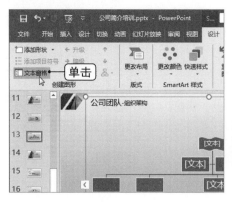

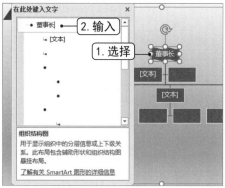

图4-92　　　　　　　　　　　　图4-93

步骤03 通过键盘上的【↓】方向键，使文本窗格中的鼠标光标切换到下一行，并定位文本插入点，然后在其中录入合适的文本，完成后单击"关闭"按钮关闭文本窗格，如图4-94所示。

步骤04 此时，SmartArt图形的形状中就录入了相应的文本，单击幻灯片中的任一空白位置，即可退出形状选择状态，如图4-95所示。

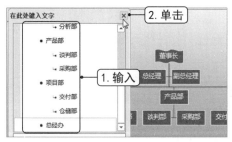

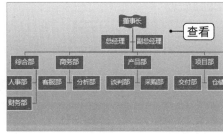

图4-94   图4-95

4.3.4
调整组织结构图的外观

组织结构图初步制作完成后，整体效果还比较乏味、单一，无法吸引到员工的注意力，此时可以为其设置合适的外观样式，从而使幻灯片变得更加美观，其具体操作如下：

步骤01 选择SmartArt图形，切换到"SmartArt工具""设计"选项卡，在"SmartArt样式"组中单击"更改颜色"下拉按钮，选择一种合适的颜色选项，如图4-96所示。

步骤02 在"SmartArt样式"组中单击"快速样式"按钮，在"三维"栏中选择"嵌入"选项即可为图形应用该样式，如图4-97所示。

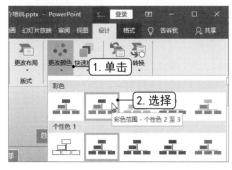

图4-96   图4-97

步骤03 选择第3排第1个形状，并拖动形状上的白色控制点，适当调整该形状的高度，如图4-98所示。

步骤04 切换到"SmartArt工具""格式"选项卡，在"形状样式"组中单击"形状效果"下拉按钮，选择"映像/紧密映像：接触"选项，如图4-99所示。

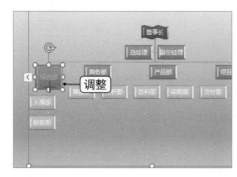

图4-98

图4-99

步骤05 在"大小"组中查看该形状的高度与宽度，然后将该排中其他形状的高度与宽度设为相同数值，如图4-100所示。

步骤06 为这些调整高度后的形状应用合适的映像效果，最终效果如图4-101所示。

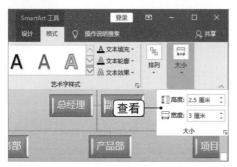

图4-100

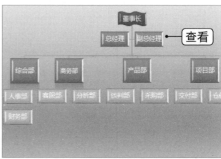

图4-101

第 5 章

用表格和图表直观展示培训内容

PPT 演示内容不像 Word 报告那样，需要将内容尽可能地展示详细。PPT 注重的是每张幻灯片中的主体信息明确、直观。因此，对于一些有相同属性或者二维关系的内容或数据，也要求尽量将其以表格的形式展示。对于量化的数据关系，也可以用图表进行可视化展示。

5.1
制作新产品性能对比介绍幻灯片

培训师在对销售人员进行新产品介绍的培训过程中，有时候可能会将几种产品的性能进行对比，从而加强销售人员对产品的了解，这时可以通过制作表格将这些对比信息在幻灯片中展示得更加清晰。

本节素材	◎/素材/第5章/产品介绍与展示.pptx
本节效果	◎/效果/第5章/产品介绍与展示.pptx

5.1.1
在幻灯片中插入表格并输入内容

我们如果要使用表格来展示内容，首先要在幻灯片中插入指定行列的表格，然后输入对应的文本内容并设置相应的字体格式。下面以在"产品介绍与展示"演示文稿中的制作新产品性能对比为例，讲解使用表格的相关基本操作。

步骤01 打开"产品介绍与展示"素材文件，选择第7张幻灯片，在幻灯片的对象占位符文本框中单击"插入表格"按钮，如图5-1所示。

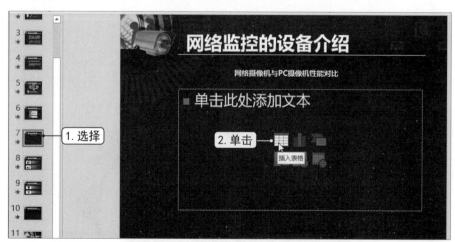

图5-1

知识延伸 | 在幻灯片中插入表格的其他方法

在演示文稿中，如果当前幻灯片中没有内置对象、占位符、文本框，此时要插入表格就需要通过"插入"选项卡的"表格"组完成，直接在该组中单击"表格"下拉按钮，在弹出的下拉菜单中有一个选择区域，拖动鼠标光标选择一个指定的行列区域，即可快速创建一个对应行列的表格，但是这种方法最多只能创建10列8行的表格，如图5-2所示，对于插入行列数在这个范围内的表格，该方法是最快捷的。

除此之外，在该下拉菜单中还提供了"插入表格""绘制表格"和"Excel电子表格"命令，通过这3个命令可以创建满足不同需求的表格。

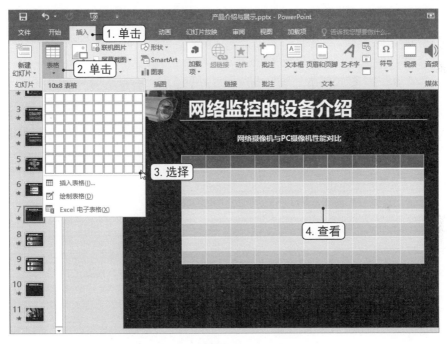

图5-2

步骤02 在打开的"插入表格"对话框中的"列数"数值框和"行数"数值框中分别输入"3"和"8"，然后单击"确定"按钮，如图5-3所示。

步骤03 在返回的幻灯片中即可查看到程序自动创建了一个8行3列的表格，并将文本插入点定位到第一行第一列单元格中，此时直接切换到熟悉的输入法即可在其中输入文本内容，如这里输入"性能"文本，如图5-4所示。

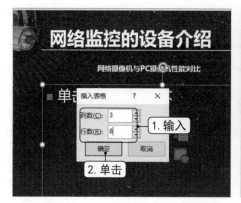
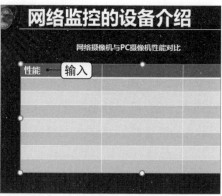

图5-3 图5-4

📎 **步骤04** 用相同的方法在表格中输入其他文本内容，完成表格内容的输入，其最终效果如图5-5所示。

性能	真正的网络摄像机	基于PC的摄像机
灵活性	网络连接	支持PC的摄像机必需距PC3米之内
功能	内置全部功能	需要3种部件：Web摄像头、PC、PC软件
安装	设置好IP地址即可运行	需要安装驱动、相关软件等
易用性	内嵌GUI，可通过IE访问	需要PC等相关知识
稳定性	嵌入式，稳定可靠	与PC的稳定性密切相关
图像	专业图像传感器，优化的压缩算法	低档图像传感器，简单的压缩算法
成本	只需网络摄像机的成本	摄像机、PC和PC软件的总成本

图5-5

🎯 **知识延伸|通过键盘在表格中定位文本插入点**

在演示文稿的幻灯片中，控制表格内文本插入点的方法除了用鼠标左键单击单元格来定位以外，也可通过键盘操作来精确定位。其具体方法如下：

①按【Tab】键可将文本插入点向右移动一个单元格。

②按【Shift+Tab】组合键，将文本插入点向左移一个单元格。

③在单元格中未输入文本的情况下按【↑】键、【↓】键、【←】键或【→】键可使文本插入点向上、下、左、右移动一个单元格。

5.1.2
对表格内容进行格式设置

　　一般情况下，在表格中输入的文本内容是以当前演示文稿中的默认主题字体显示的，并且所有表格内容自动保持默认列宽不变，这样就导致表格中文本内容的呈现效果杂乱，缺少层次感，此时就需要对表格的内容进行格式设置。

　　下面通过实例讲解在幻灯片中格式化表格内容的相关操作，其具体操作方法如下：

步骤01 在表格中将文本插入点定位到任意一个单元格中，按【Ctrl+A】组合键即可将表格的所有内容全部选择，单击"开始"选项卡，在"字体"组中将字体格式设置为"微软雅黑，16"，如图5-6所示。

步骤02 单独选择除第一行以外的其他行的所有单元格，在"字体"组的"字号"下拉列表框中选择"14"选项，更改表格内容的字号，使表格标题文本和内容文本的层次更明显，如图5-7所示。

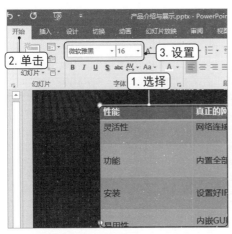

图5-6

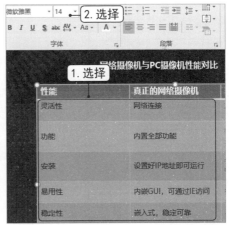

图5-7

步骤03 选择表格中的所有单元格，单击"表格工具""布局"选项卡，在"对齐方式"组中分别单击"居中"按钮和"垂直居中"按钮调整文本在单元格中水平方向和垂直方向的对齐方式，如图5-8所示。

步骤04 选择除表头以外的其他行的所有单元格，在"表格工具""布局"选项卡"对齐方式"组中单击"左对齐"按钮将表格内容的水平对齐方式设置为左对齐，如图5-9所示。（对于表格中的内容的水平方向上的对齐方式的设置，也可以在"开始"选项卡"段落"组中单击对应的对齐方式按钮来实现）

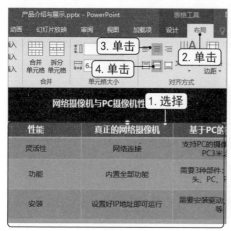

图5-8

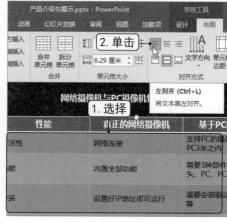

图5-9

5.1.3
调整表格的行高/列宽

在幻灯片中默认情况下创建的表格，其列宽固定不变，行高则根据内容的多少自动增加。用户最终对这个自动生成的表格的行高和列宽效果可能并不是特别满意，此时就可以根据实际的显示需求，对表格的行高和列宽进行手动调整。

在演示文稿中，幻灯片中的行高和列宽可以通过拖动鼠标光标快速调整，也可以通过选项卡进行精确调整，下面通过具体的实例讲解相关的操作方法。

步骤01 将鼠标光标移动到第一列单元格右侧的分隔线上，当鼠标光标变为 ↔ 形状时，按下鼠标左键不放，向左拖动鼠标光标即可快速减小该列单元格的列宽，如图5-10所示。（如果要快速调整表格的行高，直接将鼠标光标移动到需要调整行高的行下方的分隔线上，向上或向下拖动鼠标光标即可减小或增大行高）

步骤02 用相同的方法分别向右拖动第二列和第三列单元格右侧的分隔线快速增大对应列的列宽，使整个表格内容都在一行中显示，如图5-11所示。

图5-10

网络摄像机与PC摄像机性能对比

真正的网络摄像机	基于PC的摄像机
网络连接	支持PC的摄像机必需距PC3米之
内置全部功能	需要3种部件：Web摄像头、PC
设置好IP地址即可运行	需要安装驱动、相关软件等
内嵌GUI，可通过IE访问	需要PC等相关知识
嵌入式，稳定可靠	与PC的稳定性密切相关
专业图像传感器，优化的压缩算法	低档图像传感器，简单的压缩算
只需网络摄像机的成本	摄像机、PC和PC软件的总成本

图5-11

步骤03 选择整个表格，在"表格工具""布局"选项卡"单元格大小"组的"高度"数值框中输入"1.5厘米"，完成精确设置整个表格所有行的行高，如图5-12所示。

步骤04 保持整个表格的选中状态，在"表格工具""布局"选项卡的"对齐方式"组中单击"单元格边距"下拉按钮，在弹出的下拉菜单中选择"自定义边距"命令，如图5-13所示。

图5-12

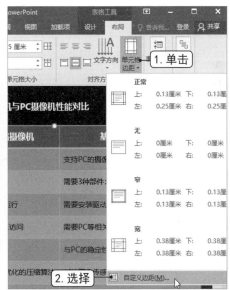

图5-13

步骤05 在打开的"单元格文本布局"对话框的"内边距"栏中分别设置向左和向右

为0.3厘米，即单元格中的文本距离单元格左右边距为0.3厘米，单击"预览"按钮，如图5-14所示。

步骤06 预览表格的内边距，合适后直接单击"确定"按钮关闭"单元格文本布局"对话框，并应用设置的内边距，如图5-15所示。

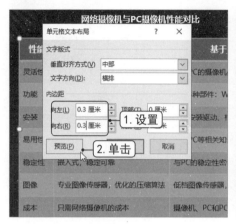
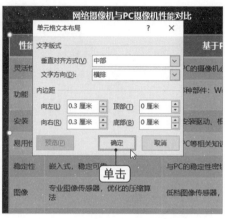

图5-14   图5-15

步骤07 由于增加了内边距，可能导致有些行的内容显示为两行，此时需手动调整列宽让所有内容显示在一行。将鼠标光标移动到表格的外边框上，当鼠标光标变为形状时，按下鼠标左键不放，拖动鼠标将表格移动到合适的位置，如图5-16所示。

图5-16

在使用鼠标拖动表格边线调整行高或列宽时，按住【Alt】键不放的同时再进行拖动，可忽略文档表格的限制，微调单元格的行高或列宽。

5.1.4
更改表格的外观效果

我们在插入表格时，程序会自动套用当前演示文稿应用主题中的默认表格样式，如果对默认的表格样式效果不太满意，还可以进行自定义设置。通常，自定义设置表格的外观效果主要是对表格的底纹填充色和边框样式进行设置。

下面通过具体的实例讲解在幻灯片中自定义设置表格外观效果的相关操作方法。

步骤01 选择第一行单元格，单击"表格工具 设计"选项卡，在"表格样式"组中单击"底纹"按钮右侧的下拉按钮，在弹出的下拉菜单中选择"蓝色"选项更改第一行单元格的底纹填充效果，如图5-17所示。

步骤02 选择整个表格，单击"绘制边框"组中的"笔画粗细"下拉列表框右侧的下拉按钮，在弹出的下拉列表中选择"3.0 磅"选项，如图5-18所示。

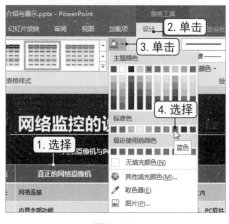

图5-17

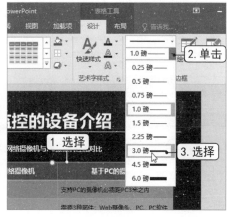

图5-18

步骤03 保持表格的选择状态，单击"表格样式"组中的"边框"按钮右侧的下拉按钮，在弹出的下拉列表中选择"外侧框线"选项，将表格的外边框的粗细设置为3.0磅，如图5-19所示。

步骤04 在"绘制边框"组中单击"笔样式"下拉列表框右侧的下拉按钮，在弹出的下拉列表中选择一种笔样式，如图5-20所示。

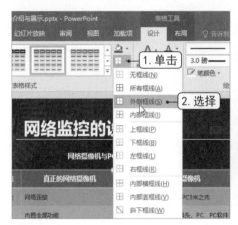
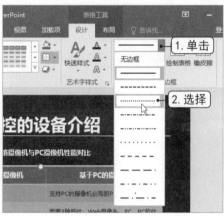

图5-19　　　　　　　　　　　　　　　图5-20

步骤05 单击"笔画粗细"下拉列表框右侧的下拉按钮，在弹出的下拉列表中选择"1.5磅"选项，如图5-21所示。

步骤06 单击"笔颜色"按钮右侧的下拉按钮，在弹出的下拉菜单中选择"黑色，背景2"选项，如图5-22所示。

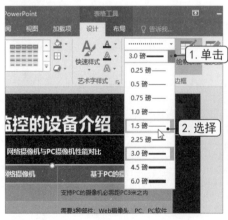
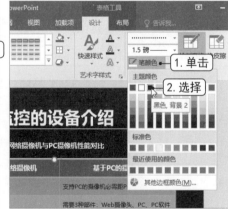

图5-21　　　　　　　　　　　　　　　图5-22

步骤07 单击"表格样式"组中的"边框"按钮右侧的下拉按钮，在弹出的下拉列表中选择"内部框线"选项，将表格的内边框设置为粗细为1.5磅的黑色虚线效果，如图5-23所示。

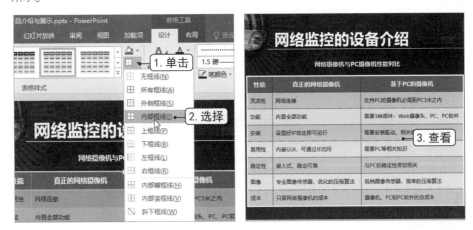

图5-23

知识延伸 | 自定义设置更丰富的表格效果

在"表格工具""设计"选项卡的"表格样式"组中单击"效果"按钮，在"单元格凹凸效果"子菜单中选择任意一种棱台选项，即可为选择的表格设置对应的凹凸效果。图5-24所示为表头单元格设置"圆"棱台效果。除此之外，通过该下拉菜单的"阴影"子菜单和"映像"子菜单还可以为表格设置阴影和映像效果。

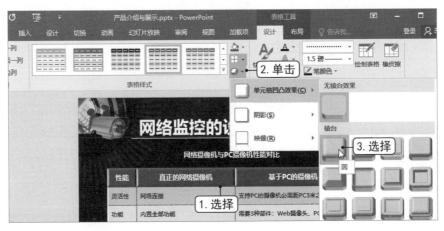

图5-24

5.2
制作面试实施方式对比幻灯片

按照面试的实施方式不同，可以将面试类型分为一对一、多对一、一对多和多对多共4种方式，不同的面试方式都有各自的优缺点。在对面试人员进行培训时，必须要对这几种面试方式进行充分介绍，从而方便相关工作人员能够根据实际面试需求选择最优面试方式。

在对面试类型的优缺点进行对比时，有些方式的优缺点可能相同，为了简化表格的展示效果，就会将这些内容合并展示，由此得到的表格就不是简单的二维表格，其整体结构会相对复杂。

本节素材	◎/素材/第5章/面试官技能培训.pptx
本节效果	◎/效果/第5章/面试官技能培训.pptx

5.2.1
复杂表格结构的制作方法

一般情况下创建的表格，都是标准的二维关系表格，即每个单元格都对应唯一的行列号进行标识。

但是在演示文稿中，制作的表格大部分情况下都是展示型的，在这种类型的表格中，有时候为了让表格布局更美观，更直接地传达数据信息，经常会使用到合并单元格的操作，从而制作出相对标准的二维关系表格来展示更复杂的结构。

下面以在"面试官技能培训"演示文稿中添加一个对比面试实施方式的表格为例，讲解在幻灯片中制作复杂表格结构的方法，其具体操作如下：

步骤01 打开"面试官技能培训"素材文件，选择第9张幻灯片，单击"插入"选项卡，在"表格"组中单击下拉按钮，在弹出的下拉菜单中选择"插入表格"命令，如图5-25所示。

步骤02 在打开的"插入表格"对话框的"列数"数值框中输入"3"数据，在"行数"数值框中输入"5"数据，单击"确定"按钮即可创建一个5行3列的表格，如图5-26所示。

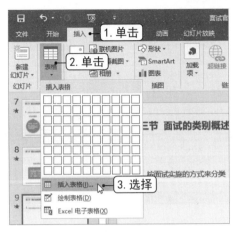

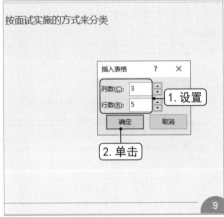

图5-25   图5-26

步骤03 选择创建的表格，将其移动到幻灯片的合适位置，在第一行单元格中分别输入"类别""优点"和"缺点"这3个表头内容，在第一列的第一行下方分别输入4种面试方式的类别，如图5-27所示。

步骤04 选择第二列的第二个和第三个单元格，单击"表格工具""布局"选项卡，在"合并"组中单击"合并单元格"按钮将选择的两个单元格进行合并，如图5-28所示。（在选择多个单元格后，也可以在其上单击鼠标右键，在弹出的快捷菜单中选择"合并单元格"命令将多个单元格合并为一个单元格）

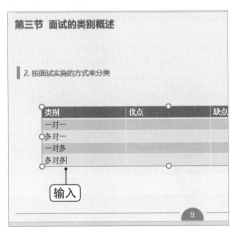

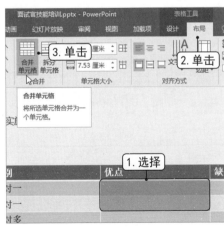

图5-27   图5-28

拆分单元格与合并单元格是相反的操作，在设计表格结构的时候，用户可以根据实际需要显示的内容，将单元格进行拆分，其操作是：选择要拆分的单元格或者将文本插入点定位到单元格中，单击"表格工具""布局"选项卡"合并"组中的"拆分单元格"按钮，或者在快捷菜单中选择"拆分单元格"命令，在打开的"拆分单元格"对话框的"列数"数值框和"行数"数值框中分别设置要拆分成的行列数，最后单击"确定"按钮即可完成拆分单元格操作，如图5-29所示。

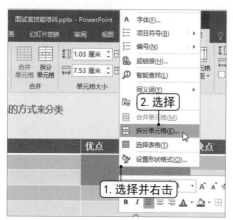
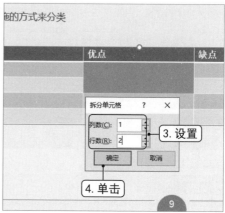

图5-29

步骤05 在第二列和第三列表格中分别输入各面试方式的优点内容和缺点内容，其具体效果如图5-30所示。

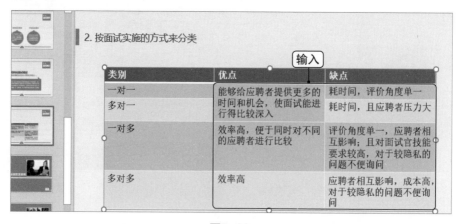

图5-30

知识延伸 | 插入和删除行列的操作

　　一般情况下，我们都不能精准地预测表格所需要包含的行列数，因此在创建表格后，如果出现行列数不够或者有多余的行列数，此时就可以根据需要插入或删除行列，其操作比较简单，直接将文本插入点定位到需要插入行列的任意单元格中，在"表格工具""布局"选项卡"行和列"组中单击"在上方插入""在下方插入""在左侧插入"或者"在右侧插入"按钮即可在指定位置插入整行/列，如图5-31所示。

　　如果要删除指定的一行/列（或多行/列），直接选择要删除的行/列，单击"表格工具""布局"选项卡"行和列"组中的"删除"下拉按钮，在弹出的下拉列表中选择对应的命令即可，如图5-32所示。

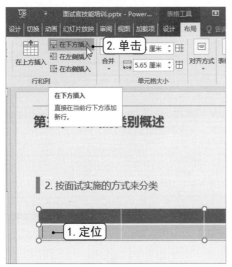

图5-31

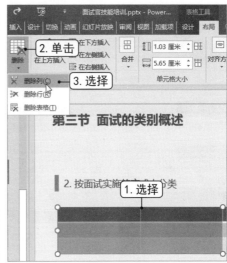

图5-32

5.2.2

优化表格结构的布局效果

　　优化表格结构的布局效果主要是对表格的行高和列宽进行设置，除了前面介绍的调整行高和列宽的操作以外，还可以对表格的整个尺寸进行设置，以及快速统一多行/列的行高和列宽。下面通过具体的实例来讲解相关的操作方法。

步骤01 选择整个表格，在"表格工具""布局"选项卡"表格尺寸"组的"宽度"数值框中输入"28"数值，按【Enter】键完成表格整个宽度的调整，如图5-33所示。

步骤02 将鼠标光标移动到第一列右侧的分隔线上，当鼠标光标变为╫形状时，按下鼠标左键向左拖动，减小该列的列宽，如图5-34所示。

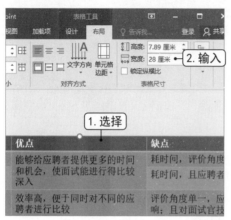

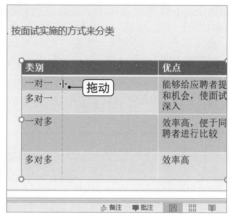

图5-33   图5-34

步骤03 选择第二列和第三列单元格，单击"表格工具""布局"选项卡"单元格大小"组中的"分布列"按钮，如图5-35所示。程序自动将两列单元格的列宽进行平均分布。

步骤04 选择整个表格的所有单元格，单击"表格工具""布局"选项卡"对齐方式"组中的"单元格边距"下拉按钮，在弹出的下拉菜单中选择"窄"选项，快速调整表格的单元格边距，如图5-36所示。

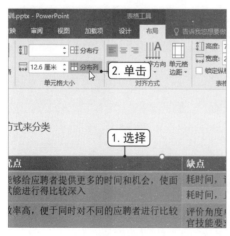

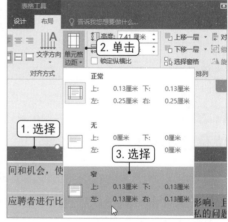

图5-35   图5-36

步骤05 保持表格中所有单元格的选择状态，将其垂直方向设置为上下居中对齐，然后将第一行单元格和第一列单元格的水平对齐方式设置为左右居中对齐，其设置后的效果如图5-37所示。

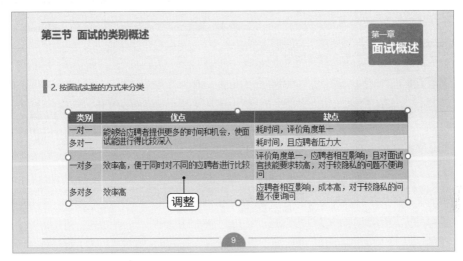

图5-37

 知识延伸 | 如何平均分布行

选择要平均分布行的多行单元格，在"表格工具""布局"选项卡"单元格大小"组单击"分布行"按钮，即可将所选单元格的所在行的行高设置为该区域行高的平均值。

5.2.3
套用表格样式快速对表格进行美化设置

在演示文稿中，程序为用户提供了多种内置表格样式，通过选择样式可以快速地美化表格。对于内置的样式，用户还可以基于该样式进行个性化编辑。

但是需要特别说明的是，在幻灯片中为表格套用内置表格样式后，程序会自动为其应用该内置样式的所有效果，具体包括表格填充效果、边框效果以及字体格式等。

因此，在套用表格样式之前，如果已经为表格设置了字体格式，在套用表格内置样式后，这些设置的字体格式将被全部取消。所以，如果要为表格设置字体格式，最好在套用表格样式之后进行。

下面通过具体实例讲解套用内置表格样式并快速对表格进行美化设置的相关操作，其具体操作方法如下：

步骤01 将文本插入点定位到表格的任意位置，单击"表格工具""设计"选项卡，在"表格样式"组的列表框中选择需要的表格样式，这里选择"中度样式3-强调5"样式，程序自动为表格套用该内置样式，如图5-38所示。

步骤02 在"表格工具""设计"选项卡"表格样式选项"组中选中"第一列"复选框，程序自动为第一列添加填充色，将其突出显示出来，如图5-39所示。

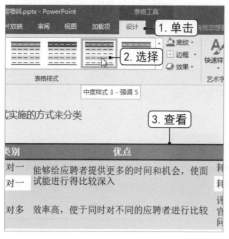

图5-38

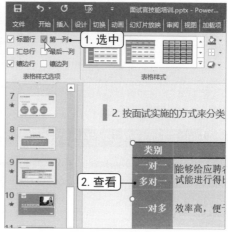

图5-39

步骤03 选择第一行单元格，保持"绘制边框"组中默认的实线笔样式、1.0磅的笔画粗细和黑色笔颜色的效果，单击"表格样式"组中的"边框"按钮右侧的下拉按钮，在弹出的下拉列表中选择"内部框线"选项为第一行单元格添加对应的内部框线效果，如图5-40所示。

步骤04 选择第二行~第五行的所有单元格，直接在"表格样式"组中单击"边框"按钮为选择的单元格区域应用内部框线样式，如图5-41所示。（在演示文稿中，"边框"按钮的默认作用是"无边框"作用。但是，当用户设置过边框效果后，该按钮会自动变为最近一次设置的边框效果，直接单击该按钮可以快速为单元格应用最近一次设置的边框效果）

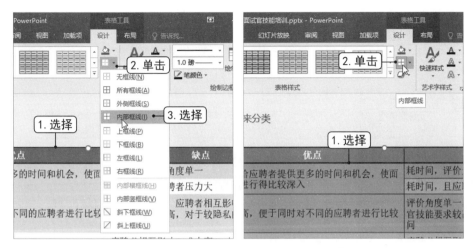

| 图5-40 | 图5-41 |

步骤05 选择第一行单元格，将其字体格式设置为"微软雅黑、18、加粗"，选择除第一行以外的其他行的所有单元格，将其字体格式设置为"微软雅黑、16"，如图5-42所示。

步骤06 选择表格的所有行，单击"表格工具""布局"选项卡，在"单元格大小"组中的"高度"数值框中输入"1.8"数据，按【Enter】键确认输入的高度，快速将所有行的行高进行统一，如图5-43所示。

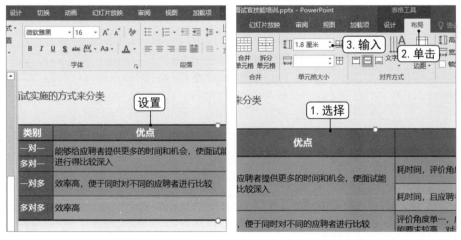

| 图5-42 | 图5-43 |

步骤07 选择表格，将其移动到幻灯片的合适位置，完成所有操作，其效果如图5-44所示。

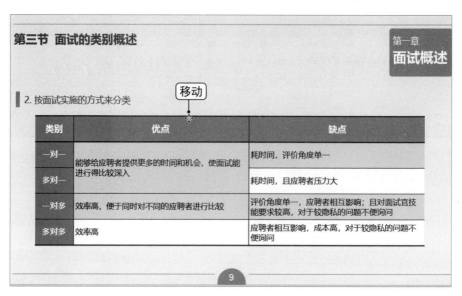

图5-44

知识延伸|怎样清除表格中添加的样式

　　在为表格设置了样式之后，如果要清除表格样式，直接选择表格，在"表格工具设计"选项卡"表格样式"组中单击"其他"按钮，在弹出的下拉菜单中选择"清除表格"命令即可，如图5-45所示。

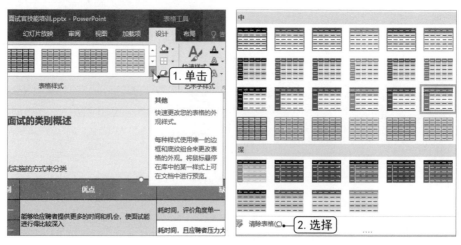

图5-45

5.3
制作绩效考核管理的考核比例说明幻灯片

企业的绩效管理就是一种由上而下的目标分解部署，每个员工的行为结果是企业目标实现的"基础"。

但是，随着企业目标的调整，每个员工的工作内容或工作行为也需要做出对应的调整，这样才能确保员工的行为与企业的整体目标达到一致，促使目标实现。

想要及时传达绩效考核管理的调整内容，并且告知员工需要做出的相应改变，这就需要管理者对员工及时培训相关内容，正确引导。

在绩效考核管理中，考核比例是员工比较关心的内容，为了更好地展示这个内容，可将各种考核比例通过表格的形式在幻灯片中展示出来。由于这种内容可能存在多层结构，因此，表格结构相对来说可能不那么标准。

本节素材	◎/素材/第5章/公司绩效管理调整培训.pptx
本节效果	◎/效果/第5章/公司绩效管理调整培训.pptx

5.3.1
手动绘制表格结构

在演示文稿中，手动绘制表格是一种自由度比较高的插入表格的方式，通过该方式，用户可以按照自己的需要绘制比较复杂的表格。

下面以在"公司绩效管理调整培训"演示文稿中的绩效考核比例幻灯片中绘制一个复杂表格结构为例，讲解手动绘制表格结构的相关操作方法，其具体操作如下：

步骤01 打开"公司绩效管理调整培训"素材文件，选择第13张幻灯片，单击"插入"选项卡，在"表格"组中单击下拉按钮，在弹出的下拉菜单中选择"绘制表格"命令，如图5-46所示。

步骤02 此时鼠标光标变为笔形状，按下鼠标左键不放，从幻灯片的左上角向右下角拖动鼠标光标，在右下角的适当位置释放鼠标左键即可绘制一个表格的外部框架，如图5-47所示。

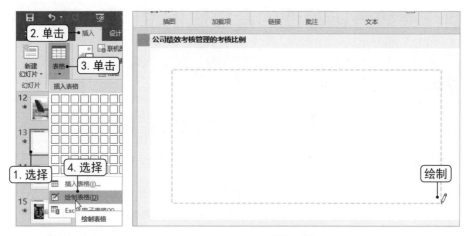

图5-46   图5-47

🔖 步骤03 程序自动退出绘制表格的状态，并激活"表格工具""设计"选项卡，在"绘制边框"组中单击"绘制表格"按钮，如图5-48所示。

🔖 步骤04 鼠标光标变为笔形状，在表格框架内部的合适位置按下鼠标左键不放，向下拖动鼠标光标绘制一条垂直线条，将表格框架拆分为一行两列的表格，如图5-49所示。

图5-48   图5-49

🔖 步骤05 继续在表格靠左上方的位置按下鼠标左键，向右拖动鼠标光标绘制一条水平线，将表格拆分为两行两列的表格，如图5-50所示。

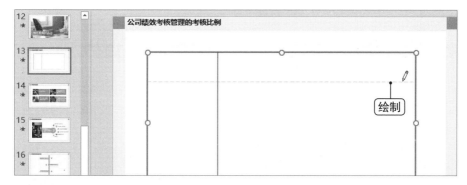

图5-50

步骤06 用相同的方法在第二行第二列的单元格中绘制相应的横线和竖线，完成表格结构的绘制，单击"表格工具""设计"选项卡"绘制边框"组中的"绘制表格"按钮（或者直接按【Esc】键）退出绘制表格状态，如图5-51所示。

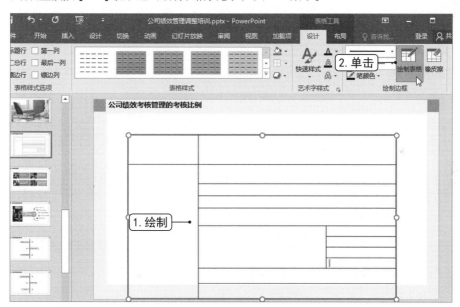

图5-51

 知识延伸 | 绘制斜线的方法

如果要在单元格中绘制斜线，进入绘制表格状态后，在单元格中按下鼠标左键，向单元格的对角线方向拖动鼠标光标即可完成斜线的绘制。

5.3.2

擦除多余的表格线并完成考核比例说明表格的制作

对于通过手动方式绘制的表格，如果发现绘制了多余的表格线，还可以通过橡皮擦工具擦除。擦除多余表格线的效果与将单元格进行合并的效果是一样的。

此外，由于手动方式绘制的表格相对比较随意，因此其行高和列宽也比较随意，此时可以通过统一单元格大小或者平均分布行列的方式快速对表格的行高和列宽进行编辑。

下面通过具体的实例讲解相关的操作方法。

步骤01 在制作的表格中输入绩效考核比例的具体内容，输入完内容后发现在5.3.1节的步骤06中对第二行第二列的单元格进行布局设计的时候多绘制了一条横线，造成表格中多了一个单元格，如图5-52所示。

步骤02 在"表格工具""设计"选项卡"绘制边框"组中单击"橡皮擦"按钮，如图5-53所示。

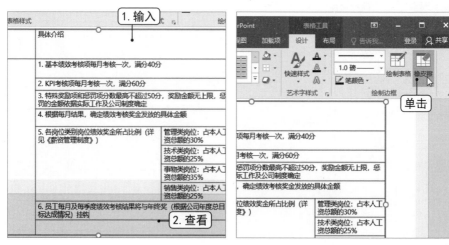

图5-52   图5-53

步骤03 此时鼠标光标变为橡皮擦形状，将其移动到需要擦除的表格线上，单击鼠标左键即可将对应的表格线擦除，擦除后两个单元格就被合并成为一个单元格，如图5-54所示。在"表格工具""设计"选项卡"绘制边框"组中再次单击"橡皮擦"按钮，或者按【Esc】键退出橡皮擦使用状态。

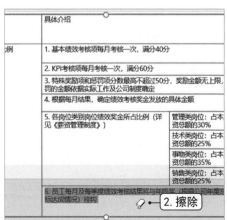

图5-54

步骤04 将文本插入点定位到表格中的任意单元格内,在"表格工具""设计"选项卡"表格样式选项"组中选中"标题行"和"镶边行"复选框(其目的主要是让系统提供的内置表格样式可以将标题行突出显示,并且将标题行下方的各行进行间隔填充),在"表格样式"组中选择一种内置的表格样式对表格进行快速美化设置,如图5-55所示。

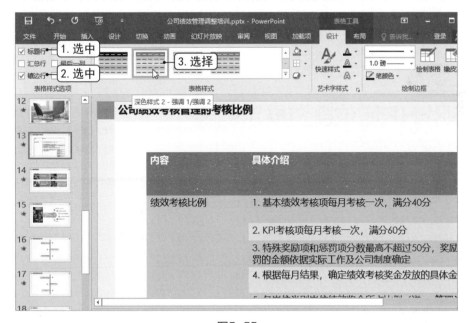

图5-55

步骤05 单独为表格添加黑色的内部框线,调整单元格的行高、列宽以及单元格中文本的对齐方式，最后分别为表头和表格内容设置相应的字体格式，完成绩效考核管理的考核比例幻灯片的制作，其最终的设置效果如图5-56所示。

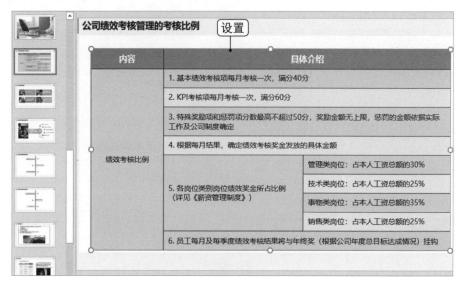

图5-56

5.4
制作HR职位薪资展示图表

　　培训师在进行人力资源从业培训时，让学员了解人力资源这个行业的前景是非常重要的前提，其中就会对HR这个职业中各种职位的薪资进行说明，从而让学员能更加清楚自身的发展前景和奋斗目标。

　　在人力资源从业培训演示文稿中，虽然各种职位的薪资水平可以用表格进行展示，但是为了能够更加直观地让学员从视觉效果上对比各种薪资的高低，此时就可以用图表将数据进行可视化展示。

本节素材	◉/素材/第5章/人力资源从业概述.pptx
本节效果	◉/效果/第5章/人力资源从业概述.pptx

5.4.1

在幻灯片中创建柱形图图表

在演示文稿中，如果需要在幻灯片中展示一些数值数据，如产品销量、薪资数值等，利用图表无疑会使数据更加直观。并且，PowerPoint程序可以与Excel无缝结合，为用户提供如柱形图、折线图、饼图、条形图、面积图和散点图等多种类型的图表，用户可以更加方便地在幻灯片中创建所需的图表来可视化展示数据。

下面以在"人力资源从业概述"演示文稿中的介绍HR职业薪酬的幻灯片中创建一个柱形图图表来展示各种职位薪资数据为例，讲解在幻灯片中创建图表的相关操作，其具体操作如下：

步骤01 打开"人力资源从业概述"素材文件，选择第10张幻灯片，单击"插入"选项卡，在"插图"组中单击"图表"按钮，如图5-57所示。（如果当前幻灯片中有对象、占位符、文本框，可以直接单击其中的图表按钮，其具体操作与本章5.1.1节中讲解的插入表格的方式相似）

步骤02 在打开的"插入图表"对话框中可以查看到程序提供的各种图表类型，在其中选择需要的图表类型即可，这里保持默认选择的簇状柱形图图表类型，如图5-58所示。单击对话框右下角的"确定"按钮确认插入图表。

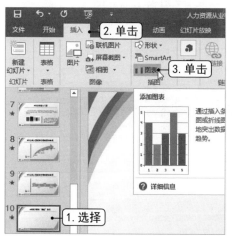

图5-57

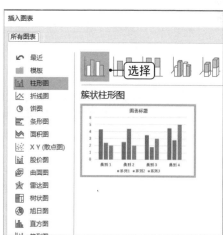

图5-58

步骤03 此时程序自动在幻灯片中插入一个簇状柱形图图表，并且自动打开"Microsoft

PowerPoint中的图表"Excel窗口，在该窗口中的数据就是幻灯片中图表的关联数据源，这里在第一列中将数据修改为HR的各种职位，在第二列中将数据修改为对应月薪数据，如图5-59所示。

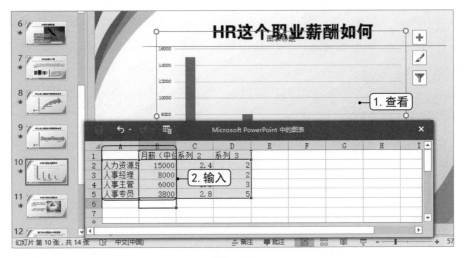

图5-59

步骤04 将鼠标光标移动到数据源的蓝色矩形框的右下角，按住鼠标左键不放向右拖动鼠标光标至B5单元格即可将数据源中不需要显示的系列删除，如图5-60所示，单击"关闭"按钮关闭该窗口。

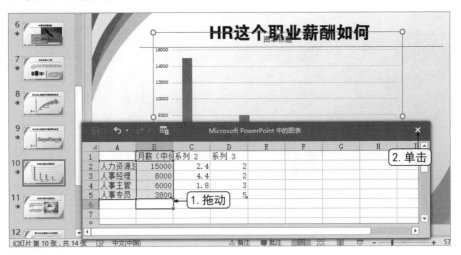

图5-60

步骤05 在返回的演示文稿中即可查看到在幻灯片中创建的柱形图，如图5-61所示。

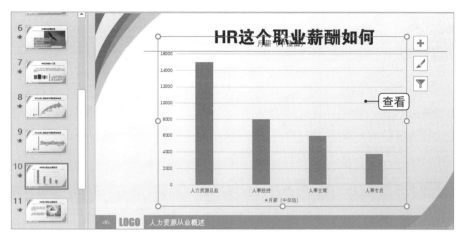

图5-61

在幻灯片中创建图表后，如果要对数据源的数据进行编辑，此时可以选择图表的任意组成部分，在其上单击鼠标右键，在弹出的快捷菜单中选择"编辑数据"命令，如图5-62（左）所示；或者在"图表工具""设计"选项卡的"数据"组中单击"编辑数据"按钮，如图5-62（右）所示；此时程序都会打开"Microsoft PowerPoint中的图表"窗口，在其中即可对图表的数据进行编辑。

对于编辑的操作也很简单，选择蓝色矩形框的右下角控制点后向上或者向下拖动鼠标光标可减少或者增加数据分类，在本例中的表现即为减少或者增加职位；若向左或者右拖动鼠标光标，则可减少或者增加数据系列。

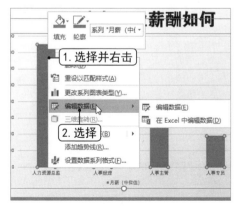
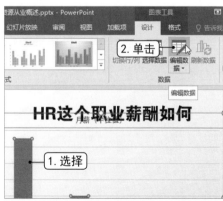

图5-62

5.4.2

调整图表的大小和布局效果

默认情况下创建的图表，其大小一般都不符合实际的显示要求，而且其布局效果也比较粗略，此时用户就需要根据实际的显示需求对图表的大小和布局效果进行手动调整。

对于图表布局的调整主要是根据显示需要在图表中指定要显示或者不显示的图表元素，以及显示的图表元素的显示位置等，既可以通过"添加图表元素"下拉菜单完成，也可以通过"图表元素"面板完成。

下面通过具体的实例讲解在幻灯片中调整图表大小和布局效果的相关操作方法，其具体操作如下：

步骤01 在幻灯片中选择创建的图表，单击"图表工具""格式"选项卡，在"大小"组的"高度"和"宽度"数值框中分别输入10厘米和20厘米，精确调整图表的大小，如图5-63所示。（也可以直接拖动图表四周的控制点快速调整图表大小）

步骤02 将鼠标光标移动到图表的空白位置，按下鼠标左键不放拖动鼠标将图表移动到幻灯片的合适位置，如图5-64所示。（需要特别注意的是，移动整个图表，只能通过图表区选择图表进行移动，不能在绘图区中选择任意图表组成部分，否则只能移动当前选择的图表中的某一个组成部分的位置）

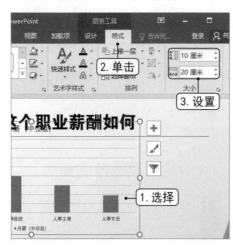

图5-63

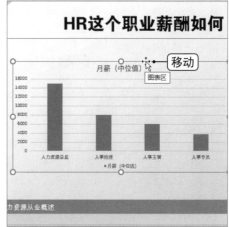

图5-64

步骤03 保持图表的选择状态，单击"图表工具""设计"选项卡，在"图表布局"组中单击"添加图表元素"下拉按钮，在弹出的下拉菜单中选择"图表标题"命令，在弹出的子菜单中选择"无"选项取消图表的标题，如图5-65所示。

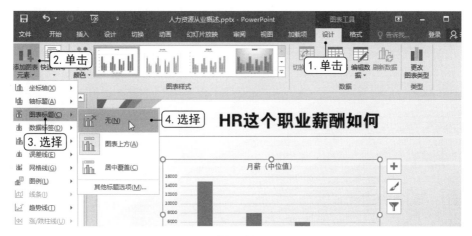

图5-65

步骤04 单击图表右上角的"图表元素"按钮，在展开的面板中选中"数据表"复选框即可在图表的分类坐标轴下添加数据表，显示每个分类对应的数据属性及其数据大小，如图5-66所示。

步骤05 将鼠标光标指向"图表元素"面板的"网格线"选项上，其右侧将显示一个三角形展开按钮，单击该按钮，在弹出的面板中选中"主轴主要垂直网格线"复选框为图表添加主要垂直网格线，如图5-67所示。

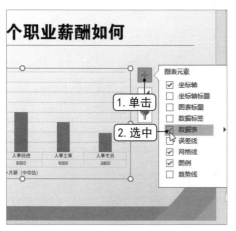
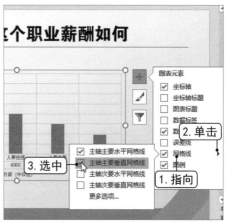

图5-66　　　　　　　　　　　　图5-67

步骤06 由于添加的数据表中显示了数据具体的属性是月薪，与图例的内容重复，因此需要将图例取消显示，直接在"图表元素"面板中取消选中"图例"复选框即可，如图5-68所示。

步骤07 将鼠标光标指向"图表元素"面板的"坐标轴标题"选项上，其右侧将显示一个三角形展开按钮，单击该按钮，在弹出的面板中选中"主要纵坐标轴"复选框为图表添加纵坐标轴标题，如图5-69所示。

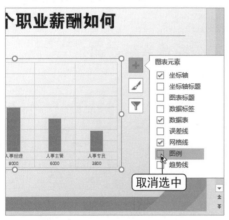

图5-68

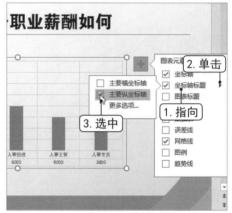

图5-69

步骤08 删除纵坐标轴标题文本框中的占位符文本，重新输入"单位：元"文本，如图5-70所示。

步骤09 单击"开始"选项卡"段落"组中的"文字方向"下拉按钮，在弹出的下拉菜单中选择"竖排"选项更改纵坐标轴标题文本的显示方向，如图5-71所示。

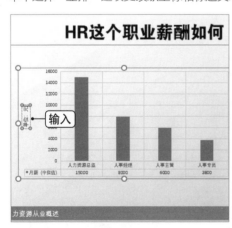

图5-70

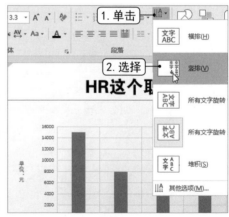

图5-71

步骤10 选择纵坐标轴标题文本框，将其向右拖动，调整纵坐标轴标题的显示位置，如图5-72所示。

步骤11 分别将图表中的所有文本内容设置相应的字体格式，完成图表的初步设置，如图5-73所示。

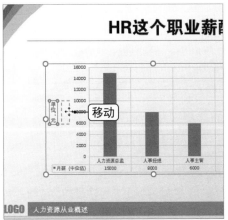

图5-72

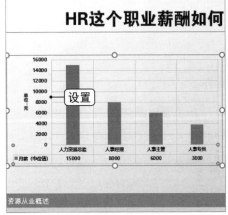

图5-73

 知识延伸 | 套用内置的图表布局样式

演示文稿中内置了一些图表布局样式，用户在选择图表后，单击"图表工具""设计"选项卡，在"图表布局"组中单击"快速布局"下拉按钮，在弹出的子菜单中选择指定的布局选项即可快速更改图表的布局样式，如图5-74所示。

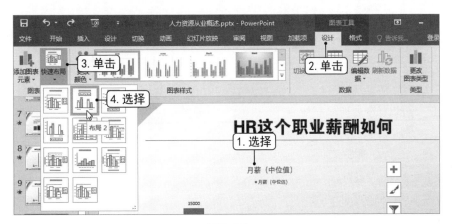

图5-74

5.4.3
格式化图表效果

　　培训师为了让图表的可视化效果更好，除了调整合适的图表布局以外，还可以对图表的外观效果进行格式化操作，其主要美化操作就是对图表中的形状填充效果以及各种线条的效果进行设置。

　　与设置形状效果的操作相似，设置图表效果的操作也可以通过选项卡或者任务窗格完成。

　　下面通过具体的实例讲解格式化图表效果的相关操作，其具体操作步骤如下：

步骤01 选择图表中的任意数据系列将全部的数据系列选中，单击"图表工具""格式"选项卡，在"形状样式"组中单击"形状填充"按钮右侧的下拉按钮，在弹出的下拉菜单中选择"蓝色"选项更改数据系列的填充颜色，如图5-75所示。

步骤02 两次单击人力资源总监分类对应的数据系列单独将该数据系列选中，在"形状样式"组中单击"形状填充"按钮右侧的下拉按钮，在弹出的下拉菜单中选择"深红"选项更改该数据系列的填充颜色，从而达到突出该职位薪资的目的，如图5-76所示。

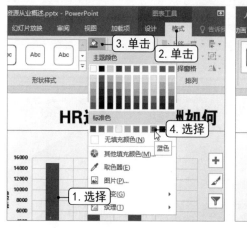

图5-75　　　　　　　　　　　　　　图5-76

步骤03 选择纵坐标轴，在其上单击鼠标右键，在弹出的快捷菜单中选择"设置坐标轴格式"命令，如图5-77所示。

步骤04 在打开的"设置坐标轴格式"任务窗格的"坐标轴选项"选项卡中展开"刻度

线"栏，单击"主要类型"下拉列表框右侧的下拉按钮，在弹出的下拉列表中选择"外部"选项为坐标轴添加向外显示的刻度线，如图5-78所示。

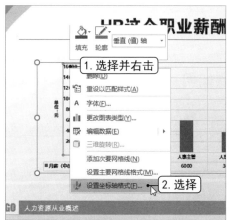

图5-77

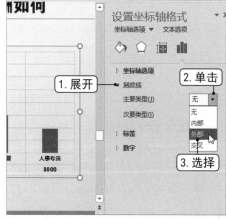

图5-78

步骤05 单击"填充与线条"选项卡，在其中展开"线条"栏，单击"颜色"下拉按钮，在弹出的下拉菜单中选择"黑色，文字1"选项完成刻度线颜色的设置，在"宽度"数值框中将刻度线的粗细设置为1.25磅，如图5-79所示。

步骤06 选择图表中添加的数据表，在对应的任务窗格中将数据表的边框颜色设置为黑色，将其线条粗细设置为1.25磅，如图5-80所示。

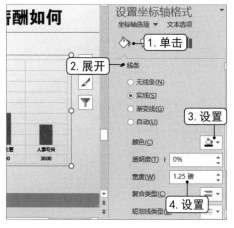

图5-79

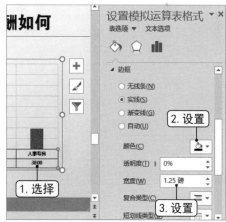

图5-80

步骤07 选择主要横网格线，在对应的任务窗格中将其边框颜色设置为黑色，线条粗细设置为1.25磅，单击"短划线类型"下拉按钮，在弹出下拉列表中选择"圆点"选项更改网格线的线条样式，如图5-81所示。

步骤08 单击任务窗格上方的"主要网格线选项"下拉按钮，在弹出的下拉列表中选择"水平（类别）轴主要网格线"选项快速将图表中的主要竖网格线选中，如图5-82所示。用相同的方法将其线条格式设置为与主要横网格线一样的效果。

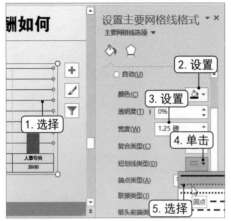

图5-81

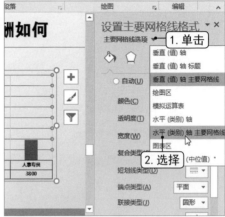

图5-82

步骤09 最后关闭任务窗格，在返回的幻灯片中即可查看到创建的薪资水平对比展示图表的最终效果，如图5-83所示。

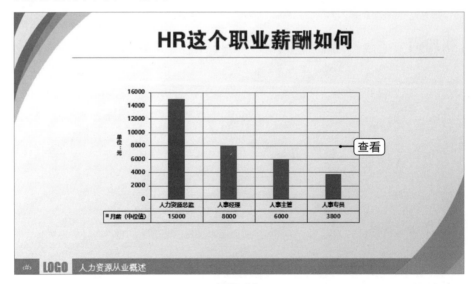

图5-83

第 6 章

多媒体让演示效果绘声绘色

对于培训PPT，也不全是文字内容的展示。根据培训内容的不同，培训 PPT 的内容也可以更加多样化。通过在公司画册、企业宣传等特定的演示文稿中适当添加音频文件或者视频文件，可以更绘声绘色地传递培训内容。

6.1
在企业画册演示文稿中添加音乐

现在有许多的公司都会通过制作册的形式来展示公司的整体形象和实力，由于画册是一种图文并茂的展现形式，因此能够让他人一目了然地了解公司。

培训师在进行新员工培训时，在培训前的等待过程中可以制作相对简单的画册演示文稿，将公司的一些现状分享给新员工，如公司团队、员工风采、工作环境和集体活动等，这样可以加深新员工对公司的了解。

在常规的演示文稿中，纯图片展示的幻灯片显得过于平淡，如果在其中加入音频文件，不仅可以增加幻灯片的韵律感，还能使其展示的信息更加多元化，从而更具感染力。

本节素材	◎/素材/第6章/公司画册
本节效果	◎/效果/第6章/企业画册.pptx

6.1.1
在幻灯片中插入本地电脑的音频文件

在演示文稿中，程序提供了两种插入音频文件的方式，分别是插入本地电脑上的音频和插入录制音频。其中插入本地电脑上的音频是最常使用的方法，因为该音频是用户根据演示文稿的性质而选择的，比较符合内容风格。

下面以在"企业画册"演示文稿中插入提供的音频文件为例，讲解在幻灯片中插入本地电脑中保存的音频文件的相关操作，其具体操作方法如下：

步骤01 打开"公司画册"文件夹中的"企业画册"素材文件，选择第1张幻灯片，单击"插入"选项卡，在"媒体"组中单击"音频"下拉按钮，在弹出的下拉菜单中选择"PC上的音频"命令，如图6-1所示。

图6-1

在演示文稿中，程序所能支持的声音文件类型有很多，但是比较常见的声音文件类型包括如下几种。

MPEG-4音频文件（.m4a、.mp4）：MP4以储存数码音讯及数码视讯为主，在音频处理方面，音质较为纯正，保真度高，高音响亮，低音纯净。

MP3音频文件（.mp3）：MP3是一种音频文件的压缩格式，由于它体积小，音质好，现已作为主流音频格式出现在多媒体元素中。

Windows音频文件（.wav）：WAV是最普遍的音频文件格式，因为演示文稿可以很好地播放它，所以它的使用相当广泛。

MIDI音频文件（.mid、.midi）：MIDI文件主要用于原始乐器作品、流行歌曲的业余表演、游戏音轨以及电子贺卡等。

步骤02 在打开的"插入音频"对话框中找到音频文件的保存路径，在中间的列表框中选择需要的音频文件，单击"插入"按钮，如图6-2所示。

步骤03 稍后，选择的音频文件将会被插入到当前幻灯片中，此时即可在幻灯片中查看到插入的音频文件对应的喇叭形状和播放控制工具栏，如图6-3所示。（如果提供的音频文件比较大，此时程序会在演示文稿工作界面下方的状态栏上，显示正在插入相关音频文件的提示信息）

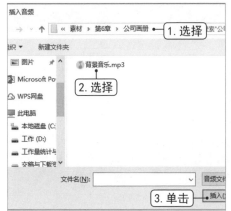

图6-2

图6-3

在演示文稿中还有录制音频的功能，如果需要的音频文件不好准备，例如要在某些课件中插入与内容相符的声音，此时就可以将自己录制对应的声音插入到幻灯片中。

插入录制音频的操作非常简单，只需要在"插入"选项卡"媒体"组的"音频"下拉菜单中选择"录制音频"命令，打开"录制声音"对话框，输入录制声音的名称，单击"录制"按钮进入声音的录制状态，此时通过麦克风输入声音，录制完成后单击"停止"按钮，然后单击"确定"按钮即可，如图6-4所示。

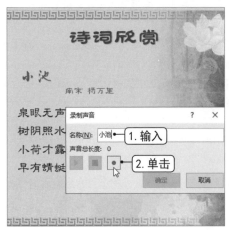

图6-4

6.1.2
更换并调整音频图标

默认情况下，在幻灯片中插入音频文件后，程序会自动显示一个灰色的音频小喇叭图标，在任何情况下，该图标始终都会显示。这样放置在幻灯片中可能不太美观，此时，用户可以根据实际的显示需要对该音频图标进行更换与调整。

下面以将音频图标更换为LOGO图标为例，讲解更换并调整音频图标的相关操作，其具体操作如下：

步骤01 由于本例中的第1张幻灯片中已经存在LOGO图标，因此需要将其删除，直接选择该图标，按【Delete】键将其删除，如图6-5所示。

步骤02 在第1张幻灯片中选择音频文件对应的灰色音频小喇叭图标，在其上单击鼠标右键，在弹出的快捷菜单中选择"更改图片"命令，如图6-6所示。（也可以选择音频图标后，在"音频工具""格式"选项卡"调整"组中单击"更改图片"按钮）

图6-5

图6-6

步骤03 在打开的"插入图片"对话框中提供了3种图片来源，这里单击"从文件"按钮，如图6-7所示。（如果要从网络获取图片，则单击"必应图像搜索"按钮，在打开的界面中联网搜索需要的图片；或者直接在"必应图像搜索"文本框中输入关键字直接进行联网搜索；如果要从OneDrive云端获取图片，则单击"OneDrive-个人"按钮，登录成功后即可获取保存在云端的图片）

步骤04 在打开的"插入图片"对话框中找到图片文件保存的位置,在中间的列表框中选择需要的图片,这里选择"LOGO.png"图片文件,单击"插入"按钮完成更换音频图标的操作,如图6-8所示。

图6-7   图6-8

步骤05 在返回的演示文稿工作界面中即可查看到幻灯片中的音频图标被更换为LOGO图片,保持音频图标的选择状态,单击"音频工具""格式"选项卡,在"大小"组的"高度"数值框和"宽度"数值框中分别将高度和宽度设置为2.06厘米和3.44厘米,如图6-9所示。

步骤06 选择更改图片后的音频图标,将其移动到幻灯片左上角的合适位置完成调整音频图标效果的操作,如图6-10所示。

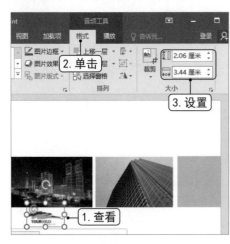

图6-9   图6-10

音频图标与幻灯片中插入的图片一样，也具有图片的特性，其中，"音频工具""格式"选项卡可以设置的项目几乎和"图片工具""格式"选项卡中可以设置的项目差不多，因此，要想为音频图标设置更多的效果，直接在该选项卡中单击对应的功能按钮，进行相应的设置即可。例如，要为图标设置亮度和对比度效果，可以选择图标后，在"音频工具""格式"选项卡的"调整"组中单击"更正"下拉按钮，在弹出的下拉菜单中选择需要的亮度与对比度效果即可，如图6-11所示。

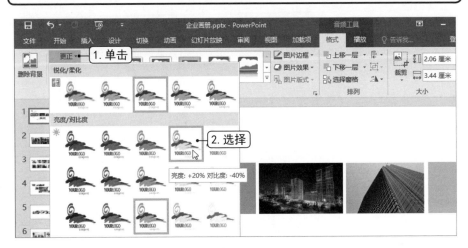

图6-11

6.1.3

更改音频的播放方式

　　插入到幻灯片中的音频文件，默认情况下只有在手动单击播放控制条上的播放按钮，或者在"音频工具""播放"选项卡中单击"播放"按钮才能进行播放。

　　但是像画册演示文稿，希望在放映幻灯片的同时便播放音频文件，或者插入的音频文件声音太大，需要将背景音乐调低一点，这些播放方式都可以在"音频工具""播放"选项卡中进行设置。

　　下面将音频文件设置为当放映第1张幻灯片时自动播放音频，且在整个

演示文稿的放映过程中,始终播放音频文件。以此为例讲解如何对插入到幻灯片中的音频文件进行播放设置,其具体操作如下:

步骤01 在幻灯片中选择音频图标,单击"音频工具""播放"选项卡,在"音频选项"组中单击"开始"下拉列表框右侧的下拉按钮,在弹出的下拉列表中选择"自动"选项将音频设置为当所在幻灯片开始播放时进行播放,如图6-12所示。

步骤02 在"音频选项"组中选中"跨幻灯片播放"复选框将音频设置为当程序放映演示文稿中的其他幻灯片时,继续播放音频,如图6-13所示。(如果不设置为跨幻灯片播放,虽然将音频的开始方式设置为"自动",但是若切换到下一张幻灯片,则音频会自动停止)

图6-12

图6-13

步骤03 在"音频选项"组中选中"循环播放,直到停止"复选框将演示文稿中的音频设置为自动循环播放,如图6-14所示。(这一步主要是为了避免音频文件太短,还未放映完幻灯片,背景音乐就停止了)

步骤04 在"音频选项"组中单击"音量"下拉按钮,在弹出的下拉列表中选择"中"选项将音频的音量设置为中等,如图6-15所示。(将鼠标光标移至音频图标下方的控制条上,通过拖动音量上的滑块也可以调整音频的音量)

 知识延伸|隐藏音频图标与返回音频开始位置的设置操作

在"音频工具""播放"选项卡的"音频选项"组中选中"放映时隐藏"复选框,程序会在放映幻灯片时自动隐藏音频图标。如果选中"播完返回开头"复选框,程序会自动在播放完音频文件后返回到音频的开头位置。

图6-14   图6-15

步骤05 单击"动画"选项卡,在"高级动画"组中单击"动画窗格"按钮,如图6-16所示。

步骤06 在打开的动画窗格中选择最后的"背景音乐"选项,按下鼠标左键不放,将其拖动到最上方,如图6-17所示。最后关闭任务窗格完成音频播放效果的所有设置操作。

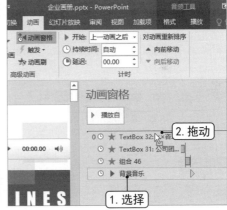

图6-16   图6-17

需要特别说明的是,如果在本例的第1张幻灯片中没有给其中的对象添加任何动画效果,则执行完前4个步骤即可;或者先添加背景音乐,再为幻灯片中的对象添加动画,也只需要执行前面4个步骤即可。

由于本例事先已经完成了动画效果的制作,此时添加的背景音乐就会在所有动画加载完后再自动播放,即将第1张幻灯片的所有内容显示完后,再播放背景音乐，而在播放第1张幻灯片的过程中，是没有背景音乐的，因此本例需要执行第5步和第6步的操作。有关动画的相关内容将在本书的第7章进行详细介绍。

 知识延伸 | 音频样式有什么作用

　　在"音频工具""播放"选项卡的"音频样式"组中提供了两种音频样式，分别是无样式和在后台播放。这里的音频样式不是对音频图标效果的设置，而是对播放效果的设置。若单击"无样式"按钮，则程序快速恢复到音频的播放效果，即"音频选项"组中的"开始"下拉列表框的选项自动恢复为"单击时"，且所有的复选框都未选中，如图6-18所示。如果单击"在后台播放"按钮，则程序自动按为演示文稿添加背景音乐的效果进行设置，并且也会选中"放映时隐藏"复选框，如图6-19所示。

图6-18

图6-19

6.1.4

裁剪多余的音频

　　对于提供的音频文件，如果用户只需要节选其中某段音乐来进行播放，但是又不会音频剪辑软件，此时不用担心，在演示文稿中，程序提供了裁剪音频的功能，方便用户可以在幻灯片中对音频进行裁剪。

　　下面以在"企业画册"演示文稿中将插入的音频文件的多余音频裁减掉为例，讲解相关操作。但是，在本例中，到底要保留多长的背景音乐合适呢？通常我们可以根据幻灯片的放映时间来进行确定，而幻灯片的放映时间则主要通过"幻灯片浏览"视图来进行查阅。下面具体讲解相关的操作方法。

步骤01 在演示文稿"视图"组中单击"幻灯片浏览"按钮进入到幻灯片浏览模式，在该视图模式中可以查看到每张幻灯片下方都有一个时间，总共有11张幻灯片，每张幻灯片的放映时间为5秒，因此总共放映完所有幻灯片需要接近1分钟的时间，如图6-20所示。（对于每张幻灯片的放映时间，则可以通过排练计时功能实现，有关操作将在本书第8章具体介绍）

图6-20

步骤02 单击"普通"按钮切换到普通视图模式，选择音频图标，单击"音频工具""播放"选项卡"编辑"组中的"裁剪音频"按钮，如图6-21所示。

图6-21

步骤03 在打开的"裁剪音频"对话框中拖动红色滑块到1分20多秒的位置，如图6-22（左）所示，然后在"结束时间"数值框中精确调整时间为1分10秒，如图6-22（右）所示。（这里的时间通常可以稍微比幻灯片总的放映时间多预留一点。另外，虽然可以直接在数值框中精确输入时间调整开始位置和结束位置，但是为了方便操作，可以先拖动滑块到大致的位置，再调整秒）

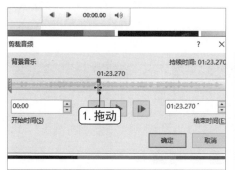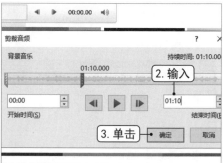

图6-22

知识延伸 | 通过在音频中添加书签裁剪音频

如果要指定音频中的某段音乐在幻灯片中进行播放，此时可在幻灯片中单击"播放"按钮试听音频文件，在合适的位置单击"书签"组中的"添加书签"按钮为该位置添加书签，然后继续试听音频，在合适的结束位置再次单击"添加书签"按钮，此时，单击"剪裁音频"按钮打开"裁剪音频"对话框，在其中即可查看到有两个书签标记，如图6-23所示。将滑块分别拖动到两个书签位置即可得到自己需要的音频。

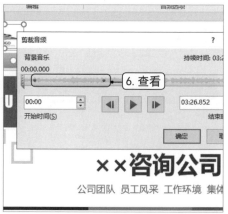

图6-23

6.1.5
设置淡入淡出效果

无论是否裁剪了音频文件，当最后一张幻灯片放映完后，音乐都会突然结束，这种效果显得非常突兀。其实可以通过为音频设置淡入淡出效果，让音频有逐渐开始和逐渐结束的效果。下面通过具体的实例讲解相关的操作。

步骤01 选择音频图标，在"音频工具""格式"选项卡"编辑"组的"淡入"数值框中输入"0.5"后按【Enter】键将音频的淡入时间设置为最开始的0.5秒，如图6-24所示。

步骤02 在"淡出"数值框中输入"3"后按【Enter】键将音频的淡出时间设置为最后3秒，如图6-25所示。（由于本例预留了多余的反映时间，因此淡出时间可以设置得稍微长一点）

图6-24

图6-25

6.2
在公司简介演示文稿中添加视频

我们知道，在新员工入职培训上，除了通过文字和图片对公司的基本情况进行展示以外，为了达到更好地宣传企业的效果，可以将公司拍摄的宣传片插入到幻灯片中进行播放。

本节素材	◉/素材/第6章/公司简介
本节效果	◉/效果/第6章/公司简介.pptx

6.2.1
在幻灯片中插入本地电脑的视频文件

在幻灯片中插入本地电脑上的视频文件与插入音频文件的操作相似，也是通过"插入"选项卡"媒体"组来完成的。

下面以在"公司简介"演示文稿的企业宣传幻灯片中添加宣传视频文件为例，讲解具体的操作步骤。

知识延伸 | 本地电脑上哪些视频文件可以插入到幻灯片中

在演示文稿中，程序所能支持的视频文件类型也有很多，但是比较常见的视频文件类型包括如下几种。

MP4视频文件（.mp4、.m4v、.mov），该文件类型是一种采用H.264标准封装的视频文件，它以压缩率高、功能低、对硬件要求小和文件体积小等特点逐渐成为目前的主流视频格式。

Windows视频文件（.avi）：AVI是Microsoft公司推出的"音频视频交错"格式，能将语音和影像同步组合。

电影文件（.mpg或.mpeg）：MPG或MPEG是一种影音文件压缩格式，令视听传播进入了数码化时代。

Windows Media文件（.asf）：ASF是Microsoft开发的串流多媒体文件格式，它是Windows Media的核心文件类型。

DVR-MS视频文件（.dve）：DVE是录制电视节目的文件格式，可进行实时暂停以及同时录制和播放。

Windows Media Video文件（.wmv）：WMV是一种压缩率很大的格式，它需要的电脑硬盘存储空间最小。

步骤01 打开"公司简介"文件夹中的"公司简介"素材文件，选择第4张幻灯片，单击"插入"选项卡，在"媒体"组中单击"视频"下拉按钮，在弹出的下拉菜单中选择"PC上的视频"命令，如图6-26所示。

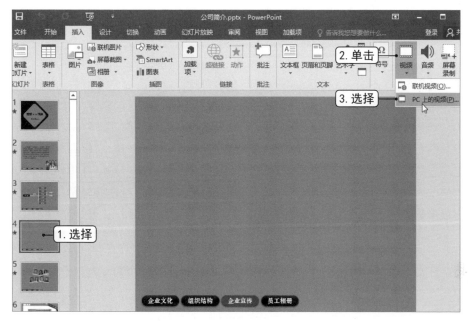

图6-26

步骤02 在打开的"插入视频文件"对话框中找到视频文件的保存位置，在中间的列表框中选择需要的视频文件，单击"插入"按钮，如图6-27所示。

步骤03 在返回的演示文稿的幻灯片中即可查看到插入的视频文件，视频文件的上方是一个视频显示区域，下方是视频播放的控制工具栏，单击"播放/暂停"按钮，如图6-28所示。

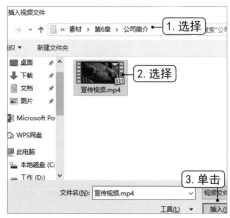

图6-27

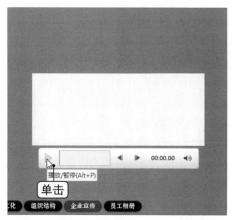

图6-28

步骤04 此时程序自动开始播放视频内容。如果要暂停播放，再次单击该"播放/暂停"按钮，如图6-29所示，或者直接按【Alt+P】组合键即可。

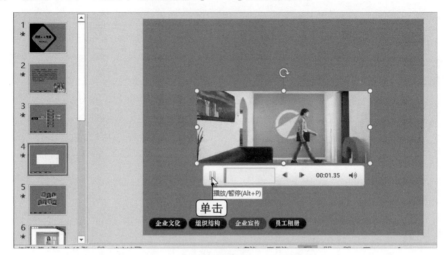

图6-29

 知识延伸 | 插入联机视频

在演示文稿中，还可以通过联机功能插入网络中的联机视频，直接在"视频"下拉按钮中选择"联机视频"命令，在打开的"插入视频"对话框中输入搜索关键字即可搜索相应的联机视频，然后将其插入到幻灯片中。

6.2.2

为视频添加一个标牌框架

默认情况下，程序会自动将视频的第一帧画面作为视频的默认显示画面，如前面插入的视频，其第一帧是白色的画面，因此插入视频后，其视频显示区域为白色。

如果用户觉得这种效果不好看，此时可以通过设置标牌框架功能自定义选择视频中的其他某个画面为视频默认显示的画面。其具体操作如下：

步骤01 在插入的视频文件的播放工具栏上拖动进度条，选择需要将其设置为标牌框架的视频画面，如图6-30所示。

步骤02 单击"视频工具""格式"选项卡，在"调整"组中单击"标牌框架"下拉按钮，在弹出的下拉菜单中选择"当前框架"选项将当前视频画面设置为视频文件的默认显示画面，如图6-31所示。

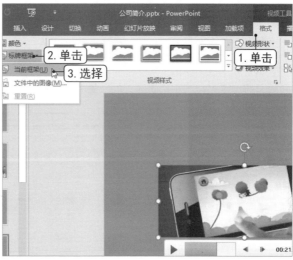

图6-30   图6-31

步骤03 此时视频将自动停止并显示该画面的时间，而且还会在播放进度条上显示"标牌框架已设定"文本，如图6-32（左）所示。关闭演示文稿，再次打开该演示文稿时，可以发现，幻灯片中的视频文件的默认显示画面为设置的画面，如图6-32（右）所示。（如果设置标牌框架后发现选择的画面不合适，此时需要在"标牌框架"下拉菜单中选择"重置"按钮取消设置的标牌框架，然后重新选择视频画面）

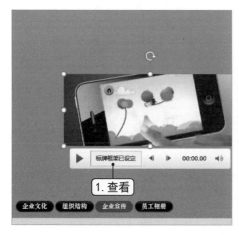

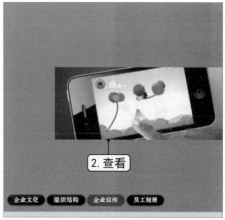

图6-32

知识延伸 | 将电脑中的图片作为视频的视频框架

　　如果视频中的画面不能满足作为视频框架的要求，用户还可以将本地电脑中的图片设置为视频的视频框架，其具体操作如下：

　　在幻灯片中选择视频，在"视频工具""格式"选项卡的"调整"组中单击"标牌框架"下拉按钮，在弹出的下拉菜单中选择"文件中的图像"命令，在打开的"插入图片"对话框中单击"从文件"按钮，此时将打开"插入图片"对话框，在其中选择本地电脑中保存的图片文件，然后单击"插入"按钮即可将其设置为标视频的标牌框架，如图6-33所示。

图6-33

6.2.3

更改视频的播放方式

　　视频播放方式的设置与音频播放方式的设置类似，此处是通过"视频工具""播放"选项卡的"视频选项"组和"编辑"组来完成的。

　　例如，想要实现单击播放按钮放映幻灯片，当文件切换到视频所在的幻灯片时，视频文件要自动全屏播放，并且视频文件的放映音量为中等。此外，该视频文件开始的前6.5秒为不需要播放的部分，需要将其裁减掉。

　　要让视频文件达到以上的这些播放要求，其具体的设置操作如下：

步骤01 选择视频，单击"视频工具""播放"选项卡，在"视频选项"组中单击"开始"下拉列表框右侧的下拉按钮，在弹出的下拉列表中选择"自动"选项将视频设置为当所在幻灯片开始播放时进行播放，如图6-34所示。

步骤02 在"视频工具""播放"选项卡"视频选项"组中选中"全屏播放"复选框将视频设置为全屏放映方式，如图6-35所示。

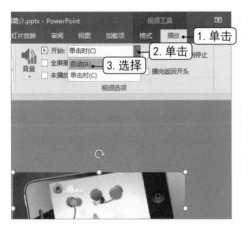

图6-34   图6-35

步骤03 在"视频工具""播放"选项卡"视频选项"组中单击"音量"下拉按钮，在弹出的下拉列表中选择"中"选项将视频音量设置为中等，如图6-36所示。

步骤04 在"视频工具""播放"选项卡"编辑"组中单击"裁剪视频"按钮，如图6-37所示。

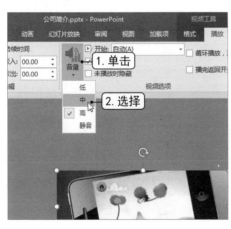

图6-36   图6-37

步骤05 在打开的"裁剪视频"对话框的"开始时间"数值框中输入6.5，单击"确定"按钮完成视频的裁剪操作，如图6-38所示。

步骤06 在返回的幻灯片中保持视频文件的选择状态，在"视频工具""播放"选项卡"编辑"组中分别设置淡入时间和淡出时间为1秒，即开始1秒和结束1秒都是逐渐变化的效果，完成视频文件播放效果的设置操作，如图6-39所示。

图6-38

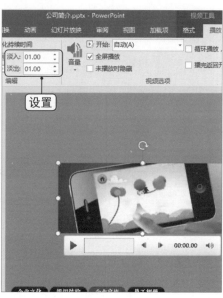

图6-39

知识延伸 | 查看视频的裁剪效果

在"剪裁视频"对话框中确定了裁剪位置后，可以在其中播放视频，查看裁剪后的效果，若是不满意可以再次进行调整，这样能够确保视频的最终裁剪效果。

知识延伸 | 快速前进和退后视频

在演示文稿中播放视频，或者在"裁剪视频"对话框中裁剪视频的时候，如果需要前进或者后退视频，可以通过按【Alt+Shift+→】组合键和【Alt+Shift+←】组合键来实现。

6.2.4

制作特效视频

　　培训师对于插入到幻灯片中的视频文件，还可以对其外观效果进行各种编辑操作，如设置视频形状效果、设置视频的边框效果、设置视频的阴影/映像等视频效果，以及设置视频的亮度和对比度等，从而制作出具有独特效果的特效视频。下面通过具体的实例，讲解在演示文稿中对插入到幻灯片中的视频的效果进行设置的相关操作方法，其具体操作如下：

步骤01 选择视频，单击"视频工具""格式"选项卡，在"视频样式"组中单击"视频形状"下拉按钮，在弹出的下拉列表中选择一种视频的外观形状选项，这里选择"减去对角的矩形"选项，如图6-40所示。

步骤02 单击"视频边框"按钮右侧的下拉按钮，在弹出的下拉菜单中选择"黑色，文字1"选项为视频文件添加边框效果，如图6-41所示。

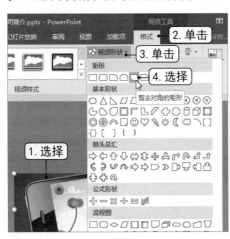

图6-40　　　　　　　　　　　　　　图6-41

知识延伸｜如何快速设置视频的外观样式

　　在"视频工具""格式"选项卡的"视频样式"组的列表框中提供了细微型、中等和强烈3种类型的视频外观样式，如图6-42所示，用户要快速设置视频的外观样式，可以直接在其中进行选择。

图6-42

步骤03 再次单击"视频边框"按钮右侧的下拉按钮，在弹出的下拉菜单中选择"粗细"命令，在弹出的子菜单中选择"3磅"选项更改视频边框的粗细，如图6-43所示。

步骤04 保持视频的选择状态，单击"视频效果"下拉按钮，在弹出的下拉菜单中选择"阴影"命令，在弹出的子菜单中选择"透视"栏中的"左上对角透视"选项添加对应的阴影效果，如图6-44所示。

图6-43

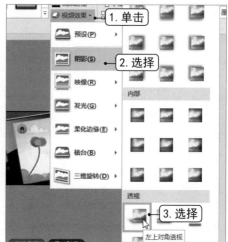

图6-44

步骤05 单击"视频效果"下拉按钮，在弹出的下拉菜单中选择"映像"命令，在弹出的子菜单中选择"映像变体"栏中的"半映像，接触"选项添加对应的映像效果，如图6-45所示。

步骤06 单击"视频效果"下拉按钮，在弹出的下拉菜单中选择"棱台"命令，在弹出的子菜单中选择"棱台"栏中的"十字形"选项添加对应的棱台效果，如图6-46所示。

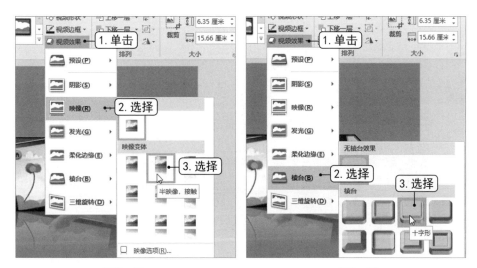

图6-45   图6-46

步骤07 保持视频的选择状态,在"调整"组中单击"更正"按钮,在弹出的下拉菜单中选择"视频更正选项"命令,如图6-47所示。

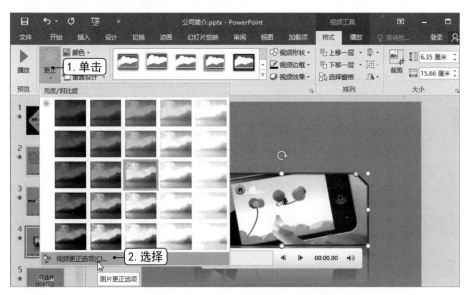

图6-47

步骤08 在打开的"设置视频格式"任务窗格中自动展开"视频"栏,在其中拖动亮度滑块和对比度滑块自定义调整视频的亮度和对比度,完成后单击右上角的"关闭"按钮关闭任务窗格,完成视频特效设置的所有操作,如图6-48所示。

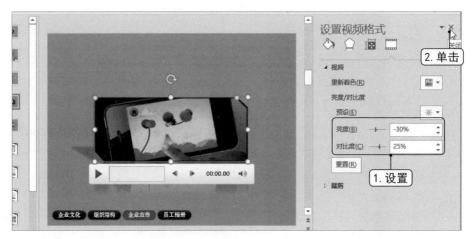

图6-48

 知识延伸 | 怎样将彩色视频设置为黑白画面

  对于添加到幻灯片中的视频，若视频本身是彩色画面，现在要将视频设置为黑白画面播放，此时可以选择视频文件，单击"视频工具""格式"选项卡，在"调整"组中单击"颜色"下拉按钮，在弹出的下拉菜单中选择"灰度"选项，如图6-49所示。

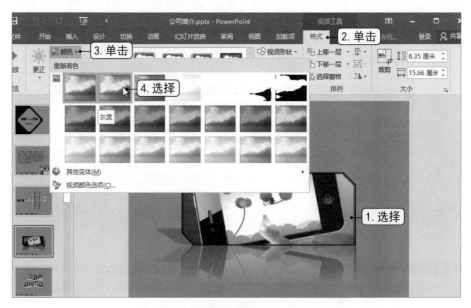

图6-49

第 7 章

巧用动画动态加载培训内容

在培训过程中，尤其对于有层次结构或有因果关系的培训内容，为了更好地让学员跟随培训师的节奏来接收幻灯片中所展示的内容，增强培训效果，此时可以适当地为幻灯片或者培训内容添加动态效果，让整个演示画面更加生动、流畅。

7.1
设置培训测试幻灯片的动态切换

培训师在对员工的培训效果进行测试时，为幻灯片的切换添加动态换片效果，让整个翻页更绚丽，增加视觉体验，这在一定程度上可以缓解员工对培训测试的抵触心理。

本节素材	◎/素材/第7章/员工培训测试.pptx
本节效果	◎/效果/第7章/员工培训测试.pptx

7.1.1
设置幻灯片的切换动画

在放映演示文稿时，默认情况下，幻灯片是直接生硬地跳转到下一张幻灯片的，为了让幻灯片实现动态的转场，可以对演示文稿中的幻灯片添加切换效果。在演示文稿中，程序提供了三大类型共48种幻灯片切换动画，如图7-1所示。

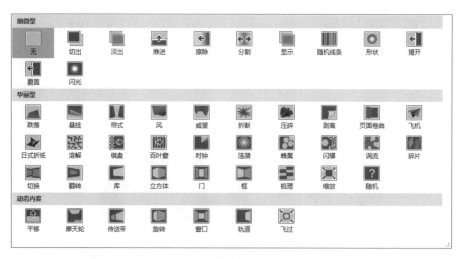

图7-1

通过这些切换动画，可以快速让幻灯片动起来。下面以在"员工培训测试"演示文稿中为幻灯片添加相应的切换动画为例，讲解添加切换动画的相关操作，其具体操作方法如下：

步骤01 打开"员工培训测试"素材文件，选择第1张幻灯片，单击"切换"选项卡，在"切换到此幻灯片"组中的列表框中选择"推进"选项，如图7-2所示。（为幻灯片添加切换效果后幻灯片序号下方会显示一个五角星的动画标记）

步骤02 单击"效果选项"下拉按钮，在弹出的下拉列表中选择"自右侧"选项更改推进切换效果的推进方向，如图7-3所示。

图7-2   图7-3

步骤03 直接单击"预览"组中的"预览"按钮可以预览当前为幻灯片添加的切换动画，如图7-4所示。

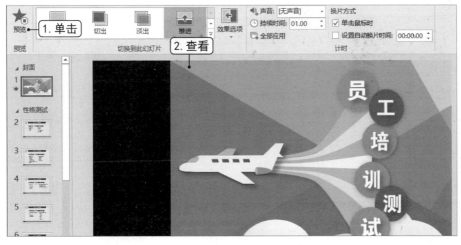

图7-4

步骤04 选择第2张幻灯片,单击"切换到此幻灯片"组中列表框的"其他"按钮,在弹出的下拉列表中选择"华丽型"栏中的"梳理"切换效果选项完成为该幻灯片添加切换效果的操作,如图7-5所示。

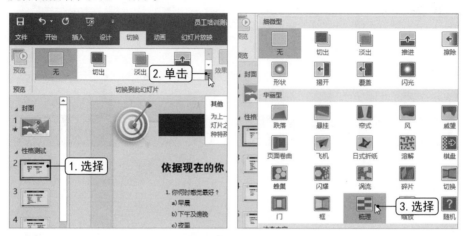

图7-5

步骤05 选择第3张幻灯片,按住【Shift】键不放,选择最后一张幻灯片即可将剩下的所有幻灯片全部选中,如图7-6所示。

步骤06 单击"切换到此幻灯片"组中列表框的"其他"按钮,在弹出的下拉列表中选择"华丽型"栏中的"页面卷曲"切换效果选项完成为剩下所有幻灯片添加相同切换效果的所有操作,如图7-7所示。

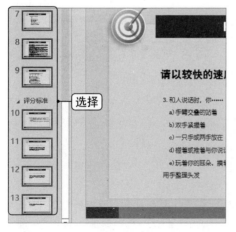

图7-6

图7-7

知识延伸 | 切换效果选择时的注意事项

　　在选择切换效果时，需要注意切换效果的选择是否合适，如在本例中，演示文稿为员工培训测试，为了体现正式、专业和严谨的态度，对于过于花哨、个性的切换效果，如风、威望、折断、压碎、飞机和日式折纸等都不适合在培训场合使用。如图7-8所示分别为折断、压碎、飞机和日式折纸切换效果的特效。

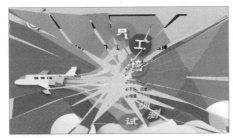

▲折断　　　　　　　　　　　　　　　　▲压碎

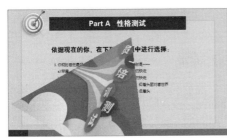

▲飞机　　　　　　　　　　　　　　　　▲日式折纸

图7-8

7.1.2
设置切换的声音和计时参数

　　对于添加的切换效果，还可以为其添加切换声音，并设置计时时间，从而让幻灯片的切换更加鲜明、酷炫。

　　下面通过具体的实例讲解设置切换声音和计时参数的相关操作，其具体操作如下：

　　步骤01 切换到第1张幻灯片，选择该幻灯片，按住【Shift】键不放，选择最后一张幻灯片即可将所有的幻灯片全部选中（或者直接按【Ctrl+A】组合键），在"切换"选项卡"计时"组中单击"声音"下拉列表框右侧的下拉按钮，在弹出的下拉列表中选择"风铃"选项为该幻灯片添加切换声音，如图7-9所示。

图7-9

在演示文稿中，用户还可以将电脑中保存的声音设置为幻灯片的切换声音，使其更具独特性，其具体操作是：在"计时"组中单击"声音"列表框后的下拉按钮，在弹出的下拉菜单中选择"其他声音"命令，在打开的"添加音频"对话框中选择声音选项，单击"确定"按钮即可，如图7-10所示。

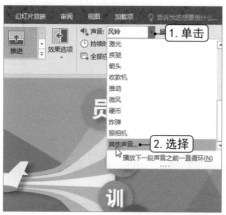
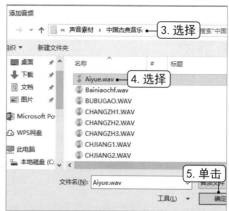

图7-10

步骤02 选择第1张幻灯片，在"持续时间"数值框中输入"1.5"秒，按【Enter】键完成第1张幻灯片切换动画持续时间的更改，如图7-11所示。

步骤03 选择第3~13张幻灯片，在"持续时间"数值框中输入"1"秒，按【Enter】键完成第3~13张幻灯片切换动画持续时间的更改，如图7-12所示。

图7-11

图7-12

知识延伸 | 一键为所有幻灯片设置相同切换效果

为演示文稿的第1张幻灯片设置好切换效果、计时等后，如果需要将该设置效果应用到演示文稿中的其他所有幻灯片中，此时只需在"计时"组中单击"全部应用"按钮即可，如图7-13所示。

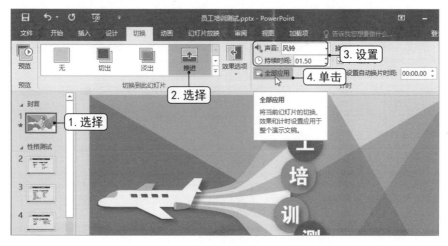

图7-13

7.2
动态加载人力资源从业概述培训内容

对于人力资源从业概述的培训内容，培训师可以通过添加动画的方式让培训内容动态加载，不仅方便培训师的讲解，也便于学员的查看和理解。

本节素材	◎/素材/第7章/人力资源从业概述.pptx
本节效果	◎/效果/第7章/人力资源从业概述.pptx

7.2.1
添加动画让内容按顺序显示

演示文稿程序为幻灯片中的对象和文字内容提供了4种动画类型，分别是进入动画、强调动画、退出动画和动作路径动画，如图7-14所示。

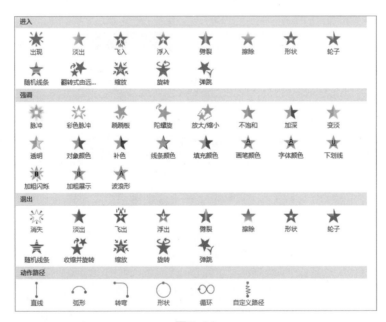

图7-14

各动画的具体作用效果如下所示：

◆ **进入动画**：在幻灯片放映时文本及对象进入放映界面时的动画效果。

◆ **强调动画**：在演示过程中需要强调部分的动画效果。

◆ **退出动画**：在幻灯片放映过程中文本及其他对象退出时的动画效果。

◆ **动作路径动画**：用于指定幻灯片中某个内容在放映过程中动画所通过的轨迹。

对于动画的添加，其操作都基本相似，下面通过在"人力资源从业概述"培训演示文稿中为"HR职业发展前景"幻灯片中的图示内容添加相应的动画，使其方便培训师按照排名高低顺序讲解时，通过动画逐个显示每个职业，并且最后对排名最高的职位添加强调动画，以此为例讲解添加动画的相关操作，其具体操作方法如下：

步骤01 打开"人力资源从业概述"素材文件，选择第2张幻灯片，选择"热门排名2"组合对象，单击"动画"选项卡，在"动画"组中单击列表框中的"其他"按钮展开内置的动画库，在其中选择"进入"栏中的"弹跳"动画选项为该组合对象添加弹跳进入动画，如图7-15所示。

图7-15

步骤02 选择"人力资源管理师"文本框对象，在"动画"组中单击列表框中的"其他"按钮展开内置的动画库，在其中选择"进入"栏中的"形状"动画选项为该对象添加形状进入动画，如图7-16所示。

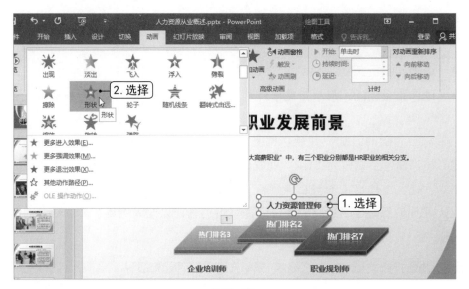

图7-16

步骤03 在"动画"选项卡"高级动画"组中单击"动画窗格"按钮打开"动画窗格"任务窗格，如图7-17所示。

步骤04 在该任务窗格中即可查看到在幻灯片中添加的所有动画，选择第2个文本框对象的动画选项，单击其右侧的下拉按钮，在弹出的下拉菜单中选择"从上一项之后开始"选项将该动画的开始设置为上一动画播放完后接着播放，如图7-18所示。（在"动画"选项卡"计时"组中的"开始"下拉列表框中，选择"上一动画之后"选项的效果与在下拉菜单中选择"从上一项之后开始"选项的效果是一样的）

图7-17

图7-18

步骤05 用相同的方法为另外两个组合对象添加弹跳进入动画，以及为另外两个文本框对象添加形状进入动画，同时设置形状进入动画的开始为"从上一项之后开始"，如图7-19所示。

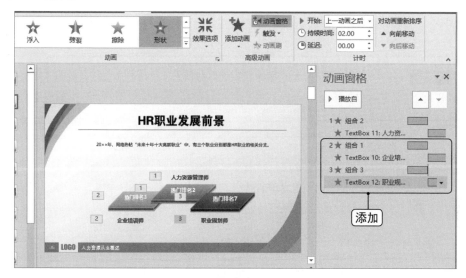

图7-19

步骤06 再次选择"热门排名2"组合对象，单击"高级动画"组中的"添加动画"按钮，在弹出的下拉菜单中选择"强调"栏中的"脉冲"动画选项为该组合对象继续添加脉冲强调动画，如图7-20所示。

步骤07 在任务窗格中选择添加的强调动画，单击其右侧的下拉按钮，在弹出的下拉菜单中选择"从上一项之后开始"选项，如图7-21所示。

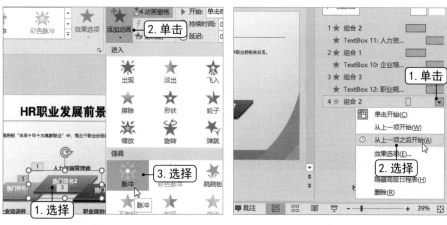

图7-20　　　　　　　　　　图7-21

知识延伸 | 给同一对象添加多个动画的说明

在步骤06中为同一个组合对象添加不同类型的动画时，必须通过"高级动画"组中的"添加动画"下拉按钮实现，不能直接在"动画"组中的动画库列表框中多次选择不同类型的动画，这种操作只能将最后一次应用的动画效果保留下来。

步骤08 在任务窗格的任意空白位置单击鼠标左键不选择任何动画选项，此时"播放"按钮变为"全部播放"按钮，单击该按钮，程序自动从第一个动画开始逐个播放所有动画，如图7-22所示。

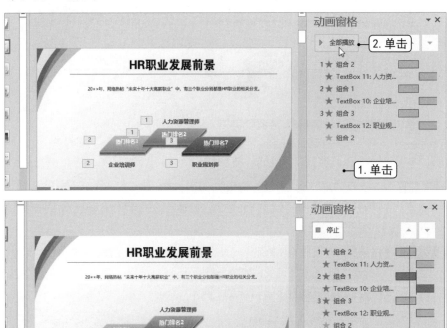

图7-22

 知识延伸 | 如何让动画不自动预览

当为对象添加某个动画时，系统默认自动预览该动画效果，若要使其不自动预览，可以在"动画"选项卡的"预览"组中单击"预览"按钮下方的下拉按钮，选择"自动预览"选项取消前面的钩标记即可，如图7-23所示。

图7-23

7.2.2

更改动画的选项和计时参数

无论是进入动画、强调动画、退出动画或是动作路径动画，在为对象添加这些动画后，培训师还可以通过对其动画效果、计时参数等进行设置，从而得到更丰富的动画效果。

下面以在"人力资源从业概述"培训演示文稿中为列举的热门职业的介绍文本添加打字机效果为例，讲解更改动画选项和计时参数的相关操作，其具体操作方法如下：

步骤01 选择第3张幻灯片，在其中选择小标题文本框，在"动画"选项卡"动画"组的列表框中选择"出现"动画选项为其添加出现进入动画，如图7-24所示。

图7-24

步骤02 在"动画窗格"任务窗格中单击添加的出现进入动画右侧的下拉按钮，在弹出的下拉菜单中选择"效果选项"命令，如图7-25所示。

步骤03 在打开的"出现"对话框中的"效果"选项卡中单击"动画文本"下拉列表框右侧的下拉按钮，在弹出的下拉列表中选择"按字/词"选项将动画设置为逐个文字出现，如图7-26所示。

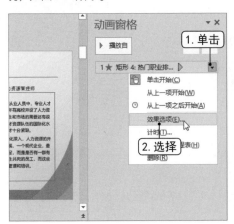

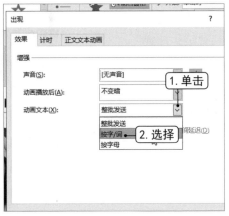

图7-25   图7-26

步骤04 在下方的"字/词之间延迟秒数"数值框中输入0.2秒，如图7-27所示。（时间设置得越长，文字出现得越慢）

步骤05 单击"计时"选项卡，在"开始"下拉列表框中选择"与上一动画同时"选项设置动画的开始参数，单击"确定"按钮，如图7-28所示。

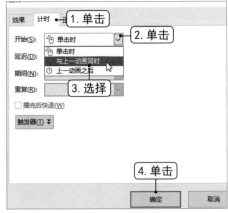

图7-27   图7-28

步骤06 在幻灯片中选择小标题下方的文本框，为其添加随机线条进入动画，并将其开始设置为上一动画之后，完成该幻灯片中文本内容的动画设置，如图7-29所示。用相同方法在第4张和第5张幻灯片中，为小标题和具体的职业介绍内容添加与第3张幻灯片相同的动画效果。

图7-29

知识延伸｜更改动画的播放顺序

在添加动画效果的时候，一定要注意动画的添加顺序，程序默认情况下是按添加顺序的先后来标记动画的播放先后顺序。如果顺序设置错误了，此时就需要对其顺序进行调整，直接在"动画窗格"任务窗格中选择要调整顺序的动画，在"计时"组中单击"向前移动"或"向后移动"按钮即可调整相邻动画的顺序，如图7-30（左）所示。此外，也可以选择要调整顺序的动画，按住鼠标左键不放，将其拖动到目标位置即可，如图7-30（右）所示。

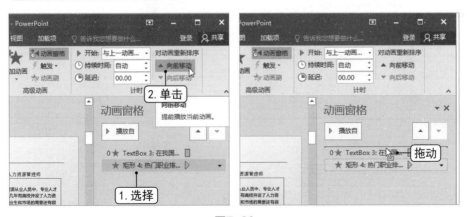

图7-30

添加更多动画并使用动画刷

默认情况下，在动画库列表框中展示的动画种类有限，如果这些动画效果不能满足需求，还可以通过对应的更多效果命令打开相应的对话框，其中提供了更多的动画效果，如图7-31所示。

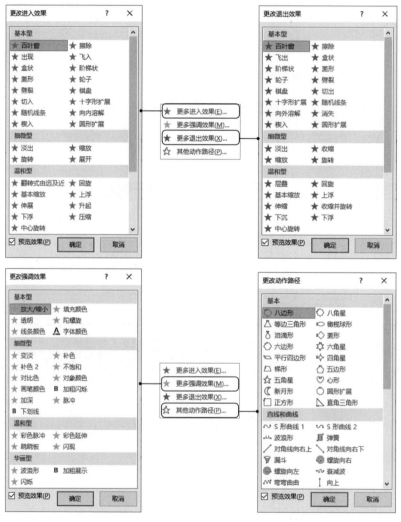

图7-31

此外，如果需要为其他对象设置相同的动画效果，为了操作便捷和高效，可以借助动画刷功能快速为其他对象复制指定的动画效果。

下面以在"人力资源从业概述"演示文稿中为职业生涯幻灯片中的职业添加"展开"进入动画为例，讲解添加更多动画以及动画刷的使用操作，其具体操作方法如下：

步骤01 选择第8张幻灯片，在其中选择"HR助理"组合对象，如图7-32所示。

步骤02 在"动画"选项卡的"动画"组中单击列表框的"其他"按钮，在弹出的下拉菜单中选择"更多进入效果"命令，如图7-33所示。

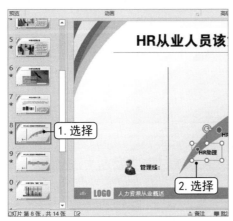

图7-32

图7-33

步骤03 在打开的"更改进入效果"对话框的"细微型"栏中选择"展开"选项，单击"确定"按钮为组合对象添加展开进入动画，如图7-34所示。（默认情况下系统自动在对话框中选中"预览效果"复选框，这样在对话框中选择任何效果选项后，在幻灯片中都可以预览该动画的效果）

步骤04 选择添加了展开进入动画的组合对象，在"高级动画"组中双击"动画刷"按钮，如图7-35所示。

知识延伸 | 动画刷的其他使用说明

选择带动画的对象后也可单击"动画刷"按钮，此时动画刷只能复制一次动画格式便自动退出动画刷状态。此外，也可以选择带动画的对象后，按【Alt+Shift+C】组合键，其执行该组合键的功能与双击"动画刷"按钮的效果是相同的。

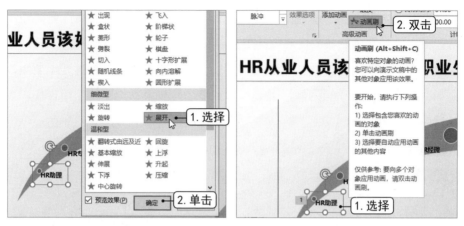

图7-34   图7-35

步骤05 此时可以查看到鼠标光标已经变为 ⬆ 形状，将鼠标光标移动到目标组合对象上，单击鼠标左键，即可将选择的带动画的组合对象的动画格式设置到目标组合对象上，如图7-36（左）所示。用相同的方法连续在其他组合对象上单击鼠标左键，完成该幻灯片中职业生涯示意图内容中的动画设置，如图7-36（右）所示。

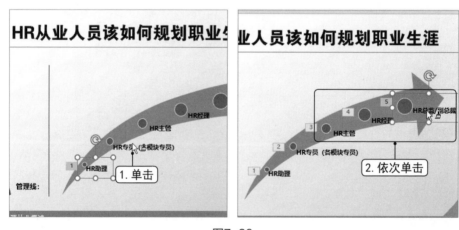

图7-36

步骤06 在操作界面左侧的任务窗格中选择第9张幻灯片切换到该幻灯片，将鼠标光标指向该幻灯片中职业生涯示意图中的职务组合对象上，分别单击鼠标左键完成动画的快速设置，如图7-37所示。最后按【Esc】键或者再次单击"高级动画"组中的"动画刷"按钮退出动画刷格式状态。（动画刷的使用不仅只限于在当前演示文稿中的所有幻灯片，也可以将当前演示文稿中的动画，通过动画刷功能添加到其他演示文稿中的指定对象上）

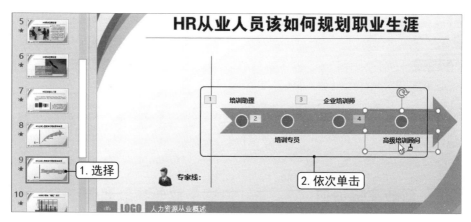

图7-37

7.2.4
为图表对象添加动画

图表作为可视化数据的一种方式，在演示文稿中也经常被使用。在演示文稿中，对于制作的图表对象，培训师也可以根据讲解内容，为其设置对应的动画，从而让整个演示效果更加灵活。下面以在"人力资源从业概述"演示文稿中为幻灯片中的图表添加动画为例，讲解相关的操作方法：

步骤01 选择第10张幻灯片，在其中选择图表对象，在"动画"选项卡"动画"组中选择"缩放"选项为图表添加缩放进入动画，如图7-38所示。

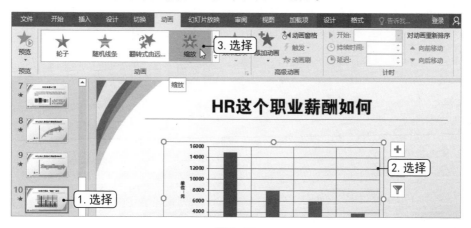

图7-38

步骤02 在"计时"组中单击"开始"下拉列表框右侧的下拉按钮，在弹出的下拉列表中选择"与上一动画同时"选项更改缩放进入动画的开始方式，如图7-39所示。

步骤03 在"持续时间"数值框中输入"1"，按【Enter】键确认输入的数据将缩放进入动画的持续时间更改为1秒，如图7-40所示。

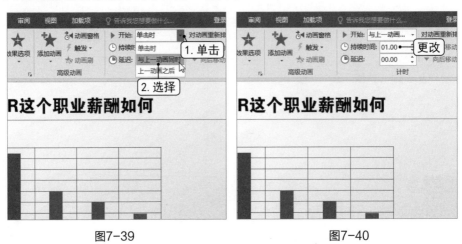

图7-39   图7-40

步骤04 单击"高级动画"组中的"动画窗格"按钮打开"动画窗格"任务窗格，在其中可以查看到此时的图表为一个对象，如图7-41所示。

步骤05 单击"动画"组的"效果选项"下拉按钮，在弹出的下拉列表中选择"按系列中的元素"选项更改缩放进入动画的效果，如图7-42所示。

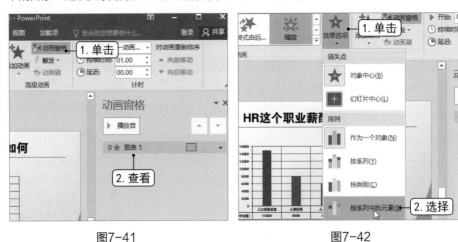

图7-41   图7-42

步骤06 稍后，在"动画窗格"任务窗格中即可查看到图表对象按系列中的元素被拆分为了多个对象，单击动画任务窗格中的"单击展开内容"按钮可以查看对应的拆分结果，如图7-43所示。

步骤07 在展开的动画对象中选择"系列1"对应的动画选项，单击"计时"组中"开始"下拉列表框右侧的下拉按钮，在弹出的下拉列表中选择"上一动画之后"选项更改该系列的动画开始时间，如图7-44所示。

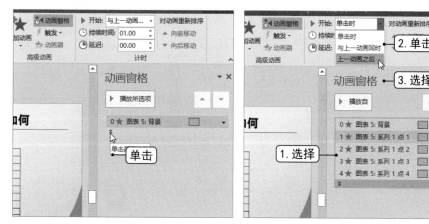

图7-43   图7-44

步骤08 用相同的方法将其他系列的动画开始时间都设置为"上一动画之后"，在动画任务窗格中选择"所有系列"选项，在"动画"组的列表框中选择"浮入"选项将系列的缩放进入动画更改为浮入进入动画，完成为图表对象添加动画的所有操作，如图7-45所示。

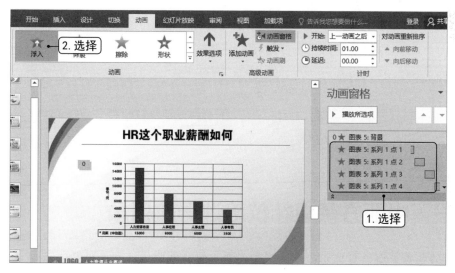

图7-45

步骤09 单击"动画"选项卡下的"预览"按钮，程序自动先显示图表的背景（除数据系列以外的其他对象），然后逐个以"浮入"进入动画的效果显示每个数据系列，其动画的部分演示效果如图7-46所示。

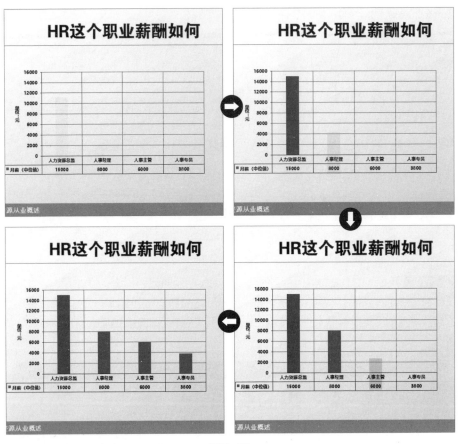

图7-46

7.3 设置中西方餐桌礼仪培训导航目录

在餐饮服务行业中，尤其对于服务于一线的职员，为了更好地服务于客人，展现出专业的服务技能，基本的餐桌礼仪规范是必要开展的培训内容。

由于这类培训内容通常比较多，因此，在前面都会添加导航目录。为了方便培训师更好地进行目录的快速跳转，就需要为演示文稿添加导航目录。

导航目录最常见的制作方法就是通过超链接来实现。下面就具体来介绍有关超链接的使用操作。

本节素材	◎/素材/第7章/中西方餐桌礼仪培训.pptx
本节效果	◎/效果/第7章/中西方餐桌礼仪培训.pptx

7.3.1
为目录文本添加超链接

超链接是一个对象跳转到另一个对象的快捷途径，幻灯片中所有对象都可以设置超链接，最常用的是文本或图形。

下面以在"中西方餐桌礼仪培训"演示文稿中为目录幻灯片中的文本内容添加超链接，使其能够快速跳转到对应的导航页中为例，讲解为文本内容添加超链接的相关操作，其具体操作方法如下：

步骤01 打开"中西方餐桌礼仪培训"素材文件，选择第2张幻灯片切换到目录幻灯片，在其中选择"01 餐桌入座礼仪"目录内容，如图7-47所示。

步骤02 单击"插入"选项卡，在"链接"组中单击"超链接"按钮，如图7-48所示。（也可以选择文本内容后在其上单击鼠标右键，在弹出的快捷菜单中选择"超链接"命令，或者直接按【Ctrl+K】组合键）

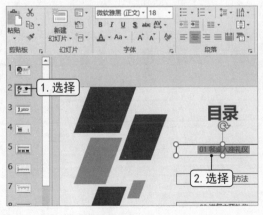

图7-47

图7-48

🔵 **步骤03** 在打开的"插入超链接"对话框的左侧选择"本文档中的位置"选项，在中间的列表框中选择要跳转到的目标幻灯片，这里选择幻灯片3（在右侧的预览区域还可以预览选择的幻灯片），如图7-49所示。

🔵 **步骤04** 单击对话框右上角的"屏幕提示"按钮打开"设置超链接屏幕提示"对话框，如图7-50所示。

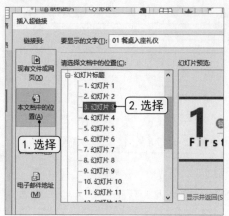

图7-49

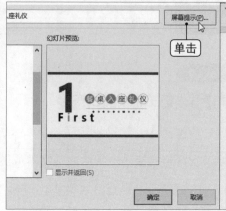

图7-50

🔵 **步骤05** 在该对话框的"屏幕提示文字"文本框中输入"跳转到餐桌入座礼仪内容"文本，单击"确定"按钮，如图7-51所示。

🔵 **步骤06** 在返回的"插入超链接"对话框中直接单击"确定"按钮完成为第一条目录内容添加超链接的操作，如图7-52所示。

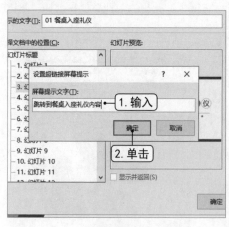

图7-51

图7-52

🔵 **步骤07** 当在放映幻灯片时（有关放映幻灯片的操作将在本书第8章详细介绍），将鼠标光标指向带超链接的目录内容上，此时程序自动弹出屏幕提示内容，如图7-53所示。

步骤08 用相同的方法分别将第二条目录内容和第三条目录内容超链接到第8张幻灯片和第11张幻灯片，并分别为其设置对应的屏幕提示文字，如图7-54所示，可以查看到为文本添加超链接后都会自动添加下划线效果。

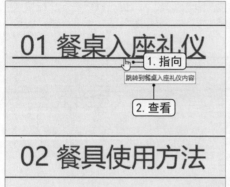

图7-53

图7-54

知识延伸 | 怎样将文本链接到网页或其他文档

在制作幻灯片的时候，对于某些比较专业或者生僻的词汇，可以将其链接到互联网上对应的网页中，当培训师单击该超链接时，能够自动打开对应的网页，查阅该词汇的含义。其具体操作是：直接在"插入超链接"对话框左侧选择"现有文件或网页"选项，在切换到的页面中"地址"下拉列表框中录入查找到的目标网页的网址即可，如图7-55所示。如果要将文本链接到其他的文档，直接在图7-55所示的对话框中间的列表框中选择目标文档即可。

图7-55

知识延伸丨如何取消文本内容添加超链接后添加的下划线

　　默认情况下，在幻灯片中的文本上添加超链接后，程序会自动添加下划线效果。如果觉得这种下划线不美观，此时可以在添加超链接时选择文本内容所在的文本框，然后执行插入超链接操作即可，此时再将鼠标光标指向文本，也可以查看到超链接效果和屏幕提示文本，如图7-56所示。这里是指将鼠标光标指向了文本框，执行的是文本框上的超链接。

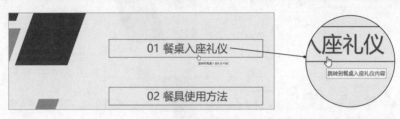

图7-56

7.3.2

更改目录文本超链接的颜色

　　对文本添加超链接后，该文本颜色将变为使用主题默认的超链接文本颜色。对于访问过超链接的文本，其文本颜色也会发生改变。如图7-57所示，第一条目录内容是已访问过超链接的文本颜色效果，第二条目录内容和第三条目录内容是未访问过超链接的文本颜色效果（受印刷形式所限，实际颜色变化请在操作中观察）。

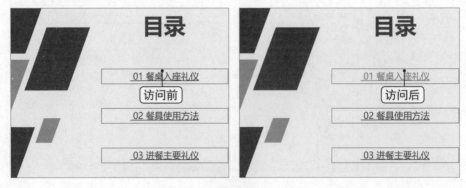

图7-57

这些颜色虽然是主题默认的，但是也可以人为进行设置。下面以将目录幻灯片中文本内容的超链接的颜色设置为访问前后为相同颜色为例，讲解相关的操作，其具体操作方法如下：

步骤01 在演示文稿中直接单击"设计"选项卡，在"变体"组中单击"其他"按钮，如图7-58所示。

图7-58

步骤02 在弹出的下拉列表中选择"颜色"命令，在弹出的子菜单中即可查看到当前使用的主题颜色，在其上单击鼠标右键，在弹出的快捷菜单中选择"编辑"命令，如图7-59所示。（这里使用的是自定义主题颜色，如果使用的是内置主题颜色，但是又不希望更改默认的主题颜色，此时可以在"颜色"子菜单中选择"自定义颜色"命令重新创建当前演示文稿中使用的主题颜色）

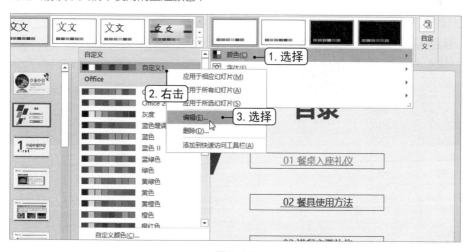

图7-59

步骤03 在打开的"编辑主题颜色"对话框中单击"超链接"颜色下拉按钮，在弹出的下拉列表中查看其使用的主题颜色，如图7-60所示。

步骤04 单击"已访问的超链接"颜色下拉按钮，在弹出的下拉列表中选择与超链接颜色相同的颜色选项，这里选择"褐色，个性色 1"选项，如图7-61所示。

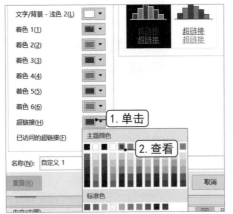

图7-60

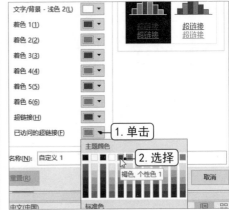

图7-61

步骤05 此时在对话框右上角的预览区域中即可查看到超链接和已访问的超链接的颜色设置为相同的颜色，为了便于主题颜色的识别，这里在"名称"文本框中对其名称进行更改，最后单击"保存"按钮，如图7-62所示。

步骤06 在返回的操作界面中即可查看到幻灯片中已访问过超链接的第一条目录内容的文本颜色已经变为和其他目录内容的文本颜色相同，且在"颜色"下拉菜单中也可以查看到使用的主题名称超链接，如图7-63所示。

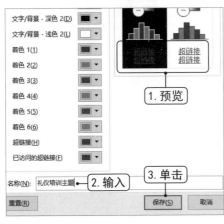

图7-62

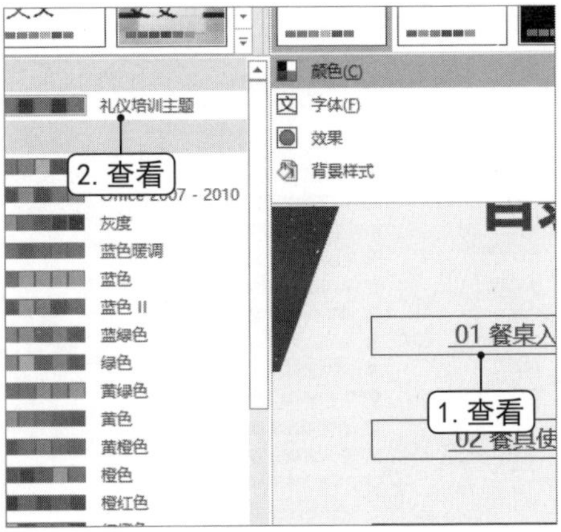

图7-63

运用形状对象制作返回超链接

　　培训师通过设置超链接可以从目录页快速跳转到指定内容的位置，如果在某些放映位置下要快速返回到目录页，也可以使用超链接来实现。

　　通常，为了操作简便，将返回超链接直接制作到母版中，这样可以减少在所有幻灯片中添加返回超链接的重复操作。但是，目录页本身以及封面开始页和最后的结束页中通常不需要添加返回超链接，直接在母版中隐藏该返回超链接对象即可。

　　下面以在"中西方餐桌礼仪培训"演示文稿的母版中通过箭头形状对象制作返回到目录页的超链接为例，讲解相关的操作方法。

步骤01 切换到任意幻灯片，这里切换到第1张幻灯片，单击"插入"选项卡，在"插图"组中单击"形状"下拉按钮，在弹出的下拉列表中选择"上箭头"选项，如图7-64所示。

步骤02 在幻灯片的任意位置拖动鼠标绘制一个向上的箭头形状，然后拖动形状中的黄色控制点调整向上箭头的外观形状，如图7-65所示。

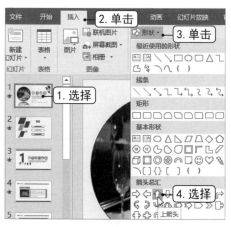

图7-64　　　　　　　　　　　　　　　　　　图7-65

步骤03 保持向上箭头形状的选择状态，单击"插入"选项卡，在"链接"组中单击"超链接"按钮，如图7-66所示。

步骤04 在打开的"插入超链接"对话框的左侧选择"本文档中的位置"选项，在中间的列表框中选择第2张幻灯片，即目录幻灯片，如图7-67所示。

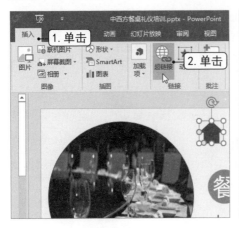

图7-66

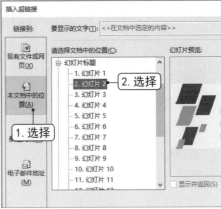

图7-67

步骤05 单击"屏幕显示"按钮，在打开的"设置超链接屏幕提示"对话框的"屏幕提示文字"文本框中输入"跳转到目录页"文本，单击"确定"按钮确认设置的屏幕提示文本，在返回的对话框中单击"确定"按钮完成在对象上添加超链接的操作，如图7-68所示。

步骤06 选择带超链接的向上箭头形状，在其上单击鼠标右键，在弹出的快捷菜单中选择"剪切"命令执行剪切操作，如图7-69所示。

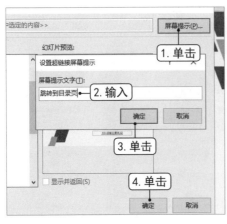

图7-68

图7-69

步骤07 进入到幻灯片的母版视图模式，在左侧的任务窗格中选择主母版缩略图，在右侧的母版中按【Ctrl+V】组合键执行粘贴操作，选择向上箭头形状，将其移动到母版右下角的合适位置，如图7-70所示。

图7-70

步骤08 选择开始页和结束页母版版式，在"幻灯片母版"选项卡"背景"组中选中"隐藏背景图形"复选框取消向上箭头形状在该母版版式中显示，如图7-71所示。用相同的方法将目录母版版式中的向上箭头形状进行隐藏，最后退出母版视图模式，完成后返回目录超链接的制作操作。

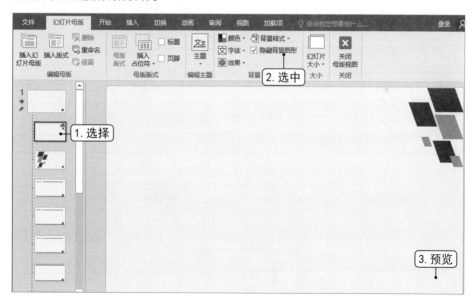

图7-71

步骤09 在放映的过程中，将鼠标光标指向向上箭头形状，此时即可弹出超链接的屏幕提示文字，显示会跳转到目录页，如图7-72所示，此时直接单击该形状即可快速跳转到目录页幻灯片。

图7-72

　　无论是在文本上添加的超链接，还是在对象上添加的超链接，都可以对其链接位置进行编辑，或者删除超链接，其操作有两种方式：第一种方式是选择带超链接的文本或对象，在"插入"选项卡"链接"组中单击"超链接"按钮，此时将打开如图7-73（左）所示的"编辑超链接"对话框，在其中即可更改超链接信息；如果要删除超链接，直接在该对话框中单击"删除链接"按钮即可。第二种方式是直接在超链接文本或者对象上右击，在弹出的快捷菜单中选择"编辑超链接"或"取消超链接"命令即可编辑或删除超链接，如图7-73（右）所示。

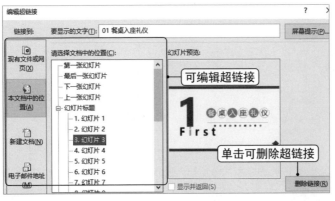

图7-73

培训过程中应掌握的放映操作

制作演示文稿是辅助培训师开展培训的，要想更好地进行培训活动，培训师还需要掌握必要的放映操作，如：怎么设置 PPT 的放映，手动放映幻灯片需要掌握哪些操作，对于需要自动放映的 PPT 又要进行哪些设置等。在本章，将对这些放映操作具体讲解。

8.1
放映员工培训测试PPT前的准备

在一套培训测试演示文稿中，可能包括不同方面的测试内容，例如，在员工培训测试演示文稿中，就包括了性格测试、管理能力测试和综合能力测试，如图8-1所示。

图8-1

培训师在具体进行培训测试时，有可能只会对其中的一个测试项进行放映，为了更好地按照目的进行放映，在这之前就必须做好放映设置准备，如：将幻灯片自定义成多个放映组、隐藏不需要放映的幻灯片等。

本节素材	◎/素材/第8章/员工培训测试.pptx
本节效果	◎/效果/第8章/员工培训测试.pptx

8.1.1
自定义幻灯片的放映组

默认情况下，直接放映幻灯片时将全部放映所有幻灯片，如果要将幻灯片分成不同的放映组，让幻灯片按需放映不同的幻灯片组，在放映之前就需要根据实际演示要求通过"自定义幻灯片放映"功能将演示文稿中的幻灯片进行自定义分组。

下面通过在"员工培训测试"演示文稿中根据测试内容将幻灯片分成性格测试、管理能力测试和综合能力测试3个组，并且要求每个放映组都要包含封面幻灯片，以此为例讲解自定义幻灯片放映设置的相关操作，其具体操作方法如下：

步骤01 打开"员工培训测试"素材文件，选择第1张幻灯片，单击"幻灯片放映"选项卡，在"开始放映幻灯片"组中单击"自定义幻灯片放映"下拉按钮，在弹出的下拉菜单中选择"自定义放映"命令，如图8-2所示。

步骤02 在打开的"自定义放映"对话框中直接单击"新建"按钮开始新建第一个放映组，如图8-3所示。

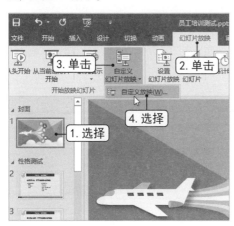
图8-2

图8-3

步骤03 在打开的"定义自定义放映"对话框的"幻灯片放映名称"文本框中输入"性格测试"名称，在下方左侧的"在演示文稿中的幻灯片"列表框中分别选中第1～8张幻灯片左侧对应的复选框，单击"添加"按钮，如图8-4所示。

步骤04 程序自动将选择的幻灯片添加到右侧的"在自定义放映中的幻灯片"列表框中，单击"确定"按钮确认新建的放映组，如图8-5所示。

 知识延伸 | 编辑"自定义放映中的幻灯片"列表框中的幻灯片

在添加幻灯片到"自定义放映中的幻灯片"列表框后，如果发现添加了错误的幻灯片或者添加的顺序错误，此时可以通过列表框右侧的 ↑、× 和 ↓ 按钮对列表框中的幻灯片选项进行向上移动、删除和向下移动的操作。

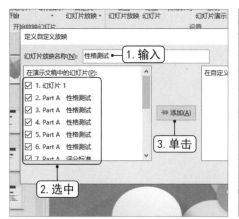

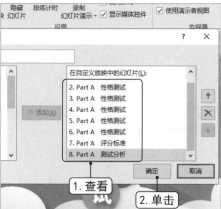

图8-4　　　　　　　　　　　　　　　　　　图8-5

步骤05 在返回的"自定义放映"对话框的列表框中即可查看到创建的放映组，选择该放映组，单击"复制"按钮，如图8-6所示。

步骤06 程序自动复制一个副本的性格测试放映组，选择该放映组，单击"编辑"按钮开始基于性格测试放映组创建第二个放映组，如图8-7所示。（也可以再次单击"新建"按钮全新创建第二个放映组）

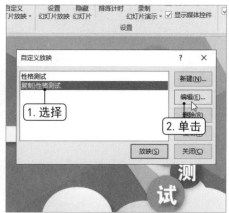

图8-6　　　　　　　　　　　　　　　　　　图8-7

 知识延伸 | 删除放映组

　　如果创建了错误的放映组，或者不再需要某个放映组，可以在"自定义放映"对话框的列表框中选择需要删除的放映组，直接单击"删除"按钮即可将其删除。

步骤07 在打开的"定义自定义放映"对话框中将幻灯片放映名称修改为"管理能力测试",选择"在自定义放映中的幻灯片"列表框中的第2个幻灯片选项,单击右侧的"删除"按钮将其删除,如图8-8所示。用相同的方法将其他幻灯片选项删除,最后只保留封面幻灯片选项。

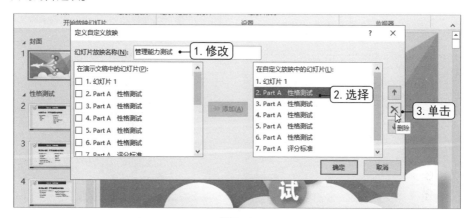

图8-8

步骤08 在对话框左侧的"在演示文稿中的幻灯片"列表框中选中第9~10张幻灯片对应的复选框,单击"添加"按钮,如图8-9所示。

步骤09 在对话框右侧的"在自定义放映中的幻灯片"列表框中即可查看到添加的两个幻灯片选项,确认自定义放映组的内容后单击"确定"按钮,如图8-10所示。

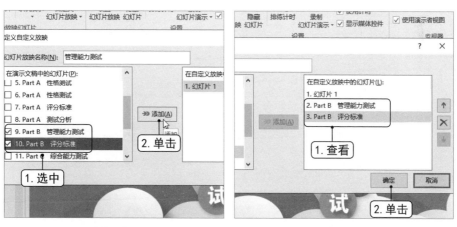

图8-9   图8-10

步骤10 在返回的"自定义放映"对话框的列表框中即可查看到新建的管理能力测试放映组,用相同的方法创建综合能力测试放映组(包括参考答案幻灯片),完成后单击"关闭"按钮关闭该对话框,如图8-11所示。

步骤11 在"幻灯片放映"选项卡中单击"自定义幻灯片放映"下拉按钮,在弹出的下拉菜单中即可查看到添加的3个放映组,选择需要放映的组,这里选择"管理能力测试"放映组选项,如图8-12所示。

图8-11   图8-12

步骤12 程序自动全屏放映组中的第1张封面幻灯片,单击任意位置切换到放映组的第2张幻灯片,在该幻灯片的任意位置继续执行单击操作可切换到放映组的第3张幻灯片。由于该放映组只有3张幻灯片,因此继续执行单击操作会循环到第1张封面幻灯片,如图8-13所示。

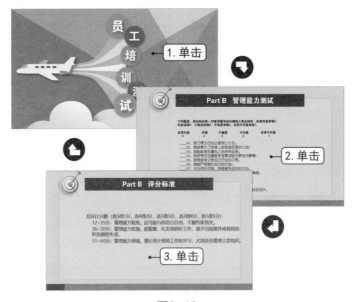

图8-13

8.1.2
隐藏不需要的幻灯片

在培训测试演示文稿中，如果不希望将参考答案公布给学员查看，可以在放映前将与参考答案相关的幻灯片进行隐藏，在放映幻灯片时程序会自动忽略放映被隐藏的幻灯片。下面通过具体的实例讲解隐藏不需要的幻灯片的相关操作，其具体操作方法如下：

步骤01 选择第14张幻灯片，在"幻灯片放映"选项卡"设置"组中单击"隐藏幻灯片"按钮将选择的幻灯片进行隐藏，如图8-14所示。

步骤02 可以查看到被隐藏的幻灯片的编号被画上了向右的斜线，选择第15和16张幻灯片，在其上右击，在弹出的快捷菜单中选择"隐藏幻灯片"命令即可将选择的多张幻灯片进行隐藏，如图8-15所示。

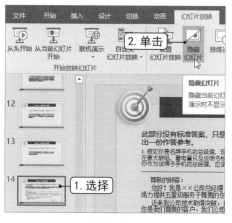

图8-14

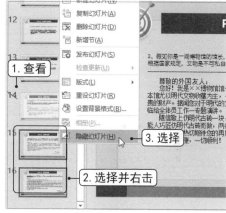

图8-15

知识延伸｜怎样显示隐藏的幻灯片

要取消隐藏某张幻灯片，可以在幻灯片窗格中选择幻灯片并单击"隐藏幻灯片"按钮，或者在幻灯片上单击鼠标右键，在弹出的快捷菜单中选择"隐藏幻灯片"命令，幻灯片编号即可恢复正常状态。

若需要快速取消隐藏的多张幻灯片，可以在幻灯片窗格中按【Ctrl+A】组合键选择全部幻灯片，在其上单击鼠标右键，选择两次"隐藏幻灯片"命令，第1次是隐藏还未隐藏的幻灯片，第2次是取消隐藏幻灯片。

步骤03 放映综合能力测试放映组中的幻灯片，依次在放映的每张幻灯片的任意位置执行单击鼠标左键的操作，程序会自动在综合能力测试放映组的前4张幻灯片中进行切换，如图8-16所示。（综合能力测试放映组一共有7张幻灯片，分别是1张封面幻灯片、3张测试题幻灯片和3张参考答案幻灯片）

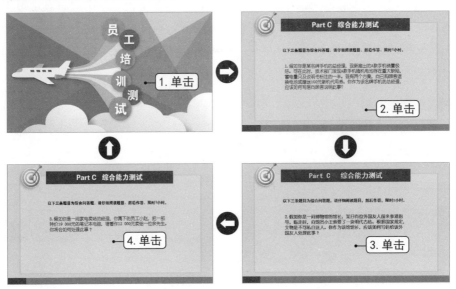

图8-16

8.1.3

设置演示文稿的默认放映组

　　如果一个演示文稿中有多个放映组，如果不单独选择放映组，而是直接放映整个演示文稿中的幻灯片，程序默认会播放第一个放映组，而且该放映组会循环进行放映，如果要退出放映，需要手动按【Esc】键结束放映。对于这种默认的放映方式，用户可以根据需要对其进行更改。

　　下面通过在"员工培训测试"演示文稿中将管理能力测试放映组设置为默认放映组，并且取消循环放映的模式，以此为例讲解设置演示文稿的默认放映组的相关操作，其具体操作方法如下：

步骤01 直接在"幻灯片放映"选项卡"设置"组中单击"设置幻灯片放映"按钮，如图8-17所示。

步骤02 在打开的"设置放映方式"对话框的"放映选项"栏中取消默认选中的"循环放映，按ESC键终止"复选框，如图8-18所示。

图8-17   图8-18

步骤03 在"放映幻灯片"栏中选中"自定义放映"单选按钮，单击下方的下拉列表框的下拉按钮，在弹出的下拉列表中选择"管理能力测试"放映组选项，单击"确定"按钮关闭对话框并应用设置的放映参数，如图8-19所示。

步骤04 在"幻灯片放映"选项卡"开始放映幻灯片"组中单击"从头开始"按钮，如图8-20所示。

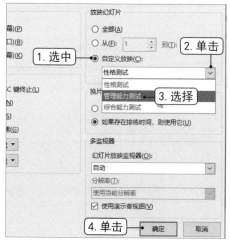

图8-19

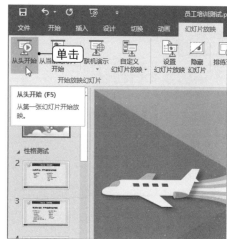

图8-20

步骤05 此时系统自动放映管理能力测试放映组中的幻灯片，依次在放映的每张幻灯片的任意位置执行单击鼠标左键的操作，程序会依次放映该放映组中的所有幻灯片，待放映完最后一张幻灯片后，继续单击幻灯片的任意位置时，程序自动进入结束放映的黑屏界面，再次单击鼠标即可退出放映，如图8-21所示。

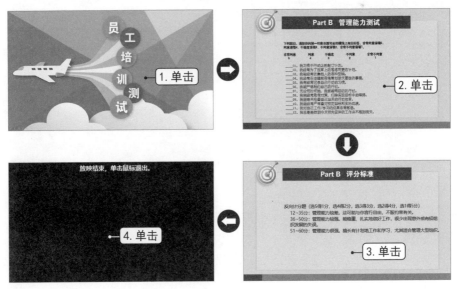

图8-21

8.2
手动放映销售技能培训PPT

在销售型的公司中，为了不断提高全员的销售技能，需要定期对销售人员的销售技能进行培训。

对于培训师来说，灵活掌握手动放映演示文稿的操作是一项必备的培训技能，如顺序放映、快速跳转到指定页面和在幻灯片上勾画重点等，这些放映操作可以在一定程度上帮助培训师提升培训速度和效果。

本节素材	◎/素材/第8章/销售技能培训.pptx
本节效果	◎/效果/第8章/无

8.2.1
放映销售技能培训的全部幻灯片

默认情况下，直接使用从头开始放映幻灯片的操作即可从第1张幻灯片开始放映全部的演示文稿，这些操作在前面的案例中已有初步的体验。由于程序不能自动放映下一页，因此需要通过手动操作完成继续放映的操作。

下面在"销售技能培训"演示文稿中演示从头开始放映所有幻灯片需要掌握的相关操作，其具体操作方法如下：

步骤01 打开"销售技能培训"素材文件，单击快速访问工具栏的"从头开始"按钮，如图8-22所示。

步骤02 程序自动开始放映第1张幻灯片，由于该幻灯片中的动画是自动触发的，所以不需要任何操作，程序自动放映，如图8-23所示。

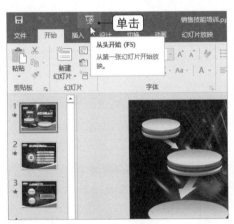

图8-22   图8-23

知识延伸 | 放映幻灯片的其他方法和其他放映

除了前面介绍的从头开始放映幻灯片的操作以外，在演示文稿中，单击视图栏的 按钮，或者直接按【F5】键都可以从头开始放映演示文稿中的幻灯片。

如果要从任意指定的当前幻灯片开始放映幻灯片，在"幻灯片放映"选项卡的"开始放映幻灯片"组中单击"从当前幻灯片开始"按钮，或按【Shift+F5】组合键，将以当前幻灯片为首张幻灯片开始放映。

步骤03 当第1张幻灯片中的动画播放完后，放映就停留在第1张幻灯片，此时单击鼠标左键切换到第2张幻灯片，如图8-24所示。

步骤04 由于第2张幻灯片中的所有动画都需要单击鼠标左键触发播放，因此直接单击鼠标左键播放第一个动画，如图8-25所示。

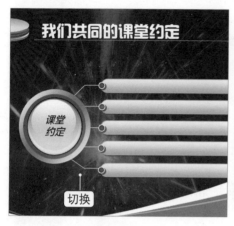

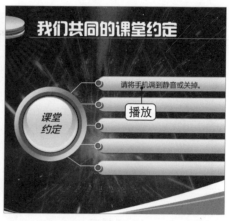

图8-24   图8-25

步骤05 继续单击鼠标左键播放第2张幻灯片中的其他所有动画，当所有动画播放完毕后，当前幻灯片放映完毕，如图8-26所示。

步骤06 继续单击鼠标切换到第3张幻灯片，用相同的方法，单击鼠标左键播放其中的动画，完成第3张幻灯片的放映，如图8-27所示。（演示文稿中的其他幻灯片的放映操作与这几张幻灯片的放映方式相同，这里就不再演示了）

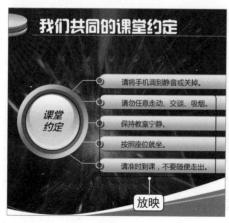

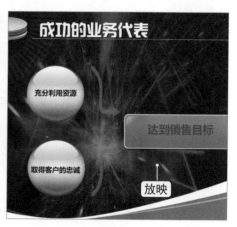

图8-26   图8-27

知识延伸丨认识幻灯片放映控制工具栏

在全屏放映幻灯片的过程中，将鼠标光标移动到幻灯片的左下角位置，此时将激活幻灯片放映控制工具栏，在该工具栏上共有6个控制按钮，如图8-28所示，各控制按钮的具体作用如下所示：

- ◆ ◀：单击该按钮执行退一步操作。
- ◆ ▶：单击该按钮执行前进一步操作。
- ◆ 🖊：单击该按钮可以弹出各种笔工具及其相关设置，如图8-28（左）所示。
- ◆ 🗇：单击该按钮可以在放映窗口中显示当前演示文稿中所有幻灯片的缩略图，有利于快速跳转到指定幻灯片。
- ◆ 🔍：单击该按钮可以启用放大镜功能，此时在幻灯片中单击某个位置即可将单击位置的内容放大，按【Esc】键可以退出放大模式并关闭放大镜功能。
- ◆ •••：单击该按钮可弹出控制幻灯片放映的更多工具，如图8-28（右）所示。

图8-28

 8.2.2

切换到任意指定的幻灯片

培训师在放映幻灯片的过程中，有时候需要快速定位到某张特定的幻灯片中查看内容，对于这种快速定位到不连续的指定页情况，其操作也非常简单，下面通过具体的实例讲解相关的操作方法。

步骤01 在第3张幻灯片的任意位置单击鼠标右键，在弹出的快捷菜单中选择"查看所有幻灯片"命令，如图8-29所示。

步骤02 程序自动将所有的幻灯片的缩略图显示出来，选择第5张幻灯片，程序即可自动切换到该幻灯片，如图8-30所示。

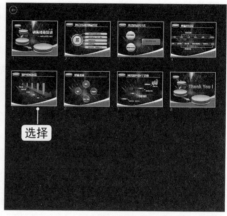

图8-29   图8-30

步骤03 在第5张幻灯片中再连续单击鼠标左键播放其中的动画，完成该幻灯片的放映。此时按【Ctrl+S】组合键，打开"所有幻灯片"对话框，其中列出了演示文稿中所有的幻灯片标题，如图8-31所示。

步骤04 在对话框的"幻灯片标题"列表框中选择某张幻灯片，单击"定位至"按钮即可快速切换到该幻灯片，如图8-32所示。

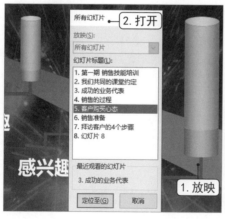

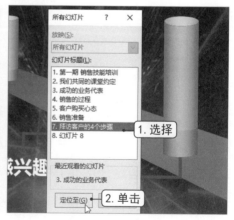

图8-31   图8-32

在演示文稿中，默认情况下，按【→】键或【←】键可以在无动画的相邻幻灯片中进行切换（如果幻灯片有动画，则按这两个键可以在相邻的两个动画之间进行切换）。

对于不连续幻灯片的快速切换，在幻灯片放映时输入具体的数字并按【Enter】键可跳转到某一特定的幻灯片，例如要切换到第3张幻灯片，直接按数字键【3】后再按【Enter】键即可。

如果要返回到演示文稿的第1张幻灯片，可以持续同时按住鼠标左右键。

8.2.3

使用笔工具勾画放映的重点内容

在幻灯片的放映过程中，用户可以通过选择笔或荧光笔在幻灯片中勾画重点或添加手写笔记，这项功能常常应用于教学类或者分析研究的演示文稿展示过程中。

下面以在"销售技能培训"演示文稿中勾画重点为例，讲解笔工具的使用方法，其具体操作如下：

步骤01 在幻灯片的空白位置单击鼠标右键，在弹出的快捷菜单中选择"指针选项"命令，在弹出的子菜单中选择"笔"命令将鼠标光标更改为笔，如图8-33所示。

步骤02 拖动鼠标光标将"开场白"形状圈住，表示要强调该部分，完成后按【Ctrl+P】组合键退出笔状态，如图8-34所示。

在放映过程中，为幻灯片添加墨迹，也可以使用快捷键进行快速操作。

◆ 按【Ctrl+P】组合键可以快速将鼠标光标更改为笔。

◆ 按【Ctrl+A】组合键或按【Esc】键可以快速恢复鼠标光标的默认状态。

◆ 按【Ctrl+M】组合键可以快速显示/隐藏在幻灯片中添加的墨迹。

◆ 按【Ctrl+E】组合键可以快速将鼠标光标更改为橡皮擦，从而对添加的墨迹进行擦除。

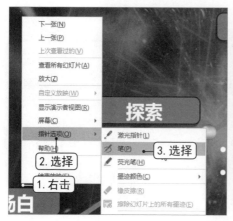

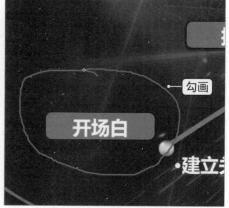

图8-33 图8-34

步骤03 在幻灯片的任意位置单击鼠标右键，在弹出的快捷菜单中选择"指针选项"命令，在弹出的子菜单中选择"荧光笔"命令将鼠标光标更改为荧光笔，如图8-35所示。

步骤04 拖动鼠标光标来回选择"建立管理、描述自己"文本为其添加重点标注效果，如图8-36所示。

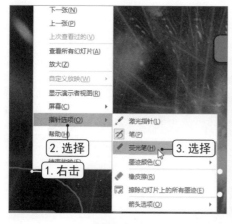

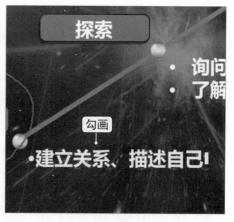

图8-35 图8-36

 知识延伸 | 更改墨迹颜色

　　默认情况下，笔工具和荧光笔工具的颜色分别为红色和黄色，用户可根据需要对其颜色进行修改，其具体操作是：在幻灯片中单击鼠标右键，选择"指针选项/墨迹颜色"命令，在弹出的子菜单中选择需要的颜色即可，如图8-37所示。

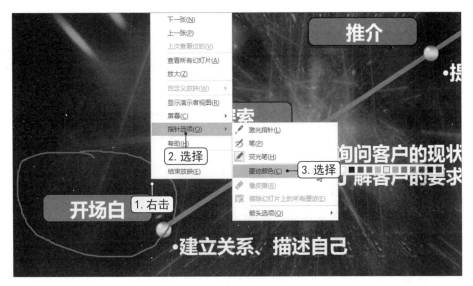

图8-37

⬥ **步骤05** 在幻灯片的任意位置单击鼠标右键，在弹出的快捷菜单中选择"指针选项"命令，在弹出的子菜单中选择"荧光笔"命令可以退出荧光笔状态，从而将鼠标光标恢复到默认状态，如图8-38所示。

⬥ **步骤06** 继续讲解演示文稿中的剩余培训内容，待放映完所有幻灯片内容后，程序将打开一个提示对话框，提示是否保留墨迹注释，单击"放弃"按钮不保存所做的任何标注，如图8-39所示。（也可以在当前放映的幻灯片的任意位置右击，在弹出的快捷菜单中选择"结束放映"命令提前终止放映）

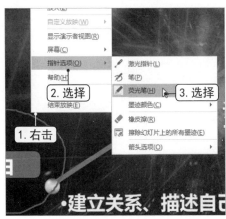

图8-38

图8-39

知识延伸|保留添加的墨迹

在退出幻灯片放映时，如果在打开的提示对话框中单击"保留"按钮，程序将保留用户在幻灯片上添加的墨迹，并且墨迹注释将变成幻灯片上的图形对象，之后可以进行移动或者删除操作，与"形状"类似。

8.3
自动放映企业画册PPT

对于公司画册这种宣传类演示文稿，由于其作用是向新入职的员工展示公司的概况，因此通常不用培训师讲解，而是培训师直接将其放映给学员观看。此时就需要将画册演示文稿设置为自动放映。

要达到自动放映效果，首先需要为每张幻灯片设置放映时间，再将其设置为自动放映模式，下面具体讲解相关操作。

本节素材	◎/素材/第8章/企业画册.pptx
本节效果	◎/效果/第8章/企业画册.pptx

8.3.1
为企业画册PPT的每张幻灯片预设放映时间

演示文稿向用户提供了排练计时功能，即在真实的放映演示文稿的状态中，同步设置幻灯片的切换时间，等到整个演示文稿放映结束之后，系统会将所设置的时间记录下来，以便在自动播放时，按照所记录的时间自动切换幻灯片。

下面通过为"企业画册"演示文稿排练计时，讲解相关的操作方法，其具体操作方法如下：

步骤01 打开"企业画册"素材文件，选择第1张幻灯片，单击"幻灯片放映"选项卡，在"设置"组中单击"排练计时"按钮，如图8-40所示。

⏺ 步骤02 此时幻灯片将切换到全屏模式放映，并在幻灯片的左上角出现一个"录制"工具栏，并且程序开始自动录制，如图8-41所示。

图8-40

图8-41

⏺ 步骤03 当第1张幻灯片播放完成之后，单击"录制"工具栏中的"下一项"按钮切换到第2张幻灯片，如图8-42所示。（也可以在放映的幻灯片中单击鼠标左键切换到下一张幻灯片并开始排练计时）

⏺ 步骤04 此时程序自动播放第2张幻灯片的切换效果，并且在"录制"工具栏中重新对第2张幻灯片的播放进行计时，如图8-43所示。

图8-42

图8-43

⏺ 步骤05 当第2张幻灯片播放完成之后，单击"录制"工具栏中的"下一项"按钮切换到第3张幻灯片，如图8-44所示。

步骤06 依次播放所有的幻灯片，当播放完最后一张幻灯片的效果后，单击鼠标，在打开的对话框中单击"是"按钮，如图8-45所示。

| 图8-44 | 图8-45 |

步骤07 程序自动关闭对话框并保存计时，单击"视图"选项卡，在"演示文稿视图"组中单击"幻灯片浏览"按钮切换到幻灯片浏览视图，在其中即可查看到为每张幻灯片预设的放映时间，如图8-46所示。

图8-46

通过排练计时功能可以根据演示文稿中的内容多少来预留时间,如果演示文稿的内容多,或者内容比较重要,想要让观看者有足够的时间阅读,此时就可以将时间预留长一点。如果整个演示文稿中每张幻灯片完全放映完的时间差不多,而且内容只是作为宣传让学员大概了解,此时可以通过设置自动换片时间快速为每张幻灯片设置相同的排练计时。

其操作是:选择任意一张幻灯片,在"切换"选项卡"计时"组中选中"设置自动换片时间"复选框,在其后的数值框中设置时间,单击"全部应用"按钮,切换到幻灯片浏览视图即可查看到设置的统一的排练计时,如图8-47所示。

要特别注意,如果每张幻灯片中早期设置了各自不同的切换效果,执行以上操作后,切换效果将被更改为之前选择的任意一张幻灯片的切换效果。

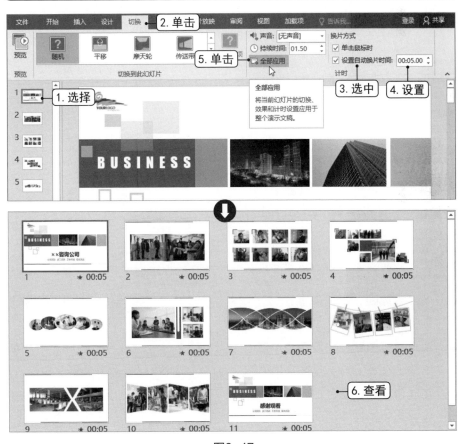

图8-47

在排练计时过程中，如果要暂停录制，直接单击录制工具栏中的"暂停"按钮；如果要开始录制，直接单击打开的对话框中的"继续录制"按钮，如图8-48（左）所示。如果某张幻灯片的排练计时录制过程有误，可以单击"重复"按钮，程序自动清除当前幻灯片中录制的计时，在打开的提示对话框中单击"继续录制"按钮可以重新开始录制当前的幻灯片，如图8-48（右）所示。

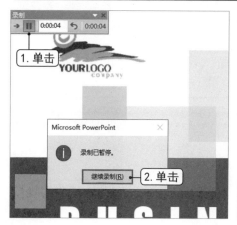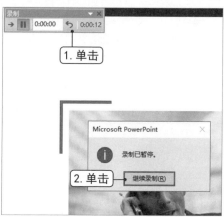

图8-48

8.3.2

设置企业画册PPT自动循环放映

演示文稿为用户提供了3种不同场合的放映类型，分别是演讲者放映、观众自行浏览和在展台浏览，各放映方式的具体作用如下：

◆ **演讲者放映**：由演讲者控制整个演示的过程，演示文稿将在观众面前全屏播放。

◆ **观众自行浏览**：使演示文稿在标准窗口中显示，观众可以拖动窗口上的滚动条或是通过方向键自行浏览，与此同时还可以打开其他窗口。

◆ **在展台浏览**：整个演示文稿会以全屏的方式循环播放，在此过程中除了通过鼠标光标选择屏幕对象进行放映外，不能对其进行其他何修改。

对于公司画册这种宣传类演示文稿，不需要培训师讲解，只需要放映即可，此时可以将其放映类型设置为在展台浏览，再设置相应的放映换片方式参数即可。

 知识延伸 | 区别演讲者放映类型和在展台浏览类型

演讲者放映类型和在展台浏览类型都可以在放映演示文稿时，将幻灯片全屏显示，对于显示效果，二者之间是没有任何区别的。但是，在循环播放的设置和播放过程的操作方面是有一定差异的，具体有如下两点：

◆ 第一，演讲者放映类型在设置循环播放设置时，必须手动选中"循环放映，按ESC键终止"复选框，程序才会循环播放演示文稿。在展台浏览放映类型下，当用户在"设置放映方式"对话框中选择该类型时，"循环放映，按ESC键终止"复选框自动被选中。

◆ 第二，演讲者放映类型和在展台浏览放映类型，在幻灯片播放过程中，都可以按【Esc】键终止播放，但是，前者在播放过程中单击鼠标左右键可以执行相应的操作，而后者在整个播放过程中，鼠标的左右键则不可用。

下面以对企业画册PPT演示文稿设置自动循环放映为例，讲解相关的设置操作，其具体操作方法如下：

步骤01 在"视图"选项卡"演示文稿视图"组中单击"普通"按钮恢复到普通视图模式，如图8-49所示。

步骤02 单击"幻灯片放映"选项卡，在"设置"组中单击"设置幻灯片放映"按钮，如图8-50所示。

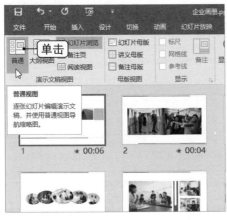

图8-49

图8-50

步骤03 在打开的"设置放映方式"对话框中确认选中"换片方式"栏的"如果存在排练时间，则使用它"单选按钮，如图8-51所示。

步骤04 在"放映类型"栏中选中"在展台浏览（全屏幕）"单选按钮，程序自动将"循环放映，按 ESC 键终止"复选框选中，如图8-52所示。单击"确定"按钮确认设置。

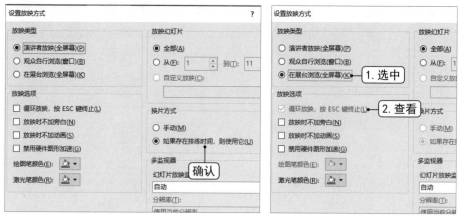

图8-51   图8-52

步骤05 由于整个演示文稿会循环放映，因此需要将最后的结束页幻灯片隐藏，直接选择第11张幻灯片，在其缩略图上右击，选择"隐藏幻灯片"命令，如图8-53所示。

步骤06 在"幻灯片放映"选项卡"开始放映幻灯片"组中单击"从头开始"按钮从头开始放映幻灯片，如图8-54所示。

图8-53   图8-54

步骤07 此时程序自动放映第1张幻灯片，在预设时间之后自动切换到下一张幻灯片，在第10张幻灯片放映完后程序自动切换到第1张幻灯片继续循环放映，如图8-55所示。

图8-55

　　演示文稿还有一个录制幻灯片演示的功能，该功能不仅可以记录幻灯片的放映时间，同时允许用户使用激光笔为幻灯片加上注释，并且还可以将培训师的声音录制下来，从而使演示文稿在脱离培训师时能智能放映。对于线上录播方式进行培训的内容，培训师可启用该功能将整个培训过程录制下来，然后发送给学员进行学习。

　　录制幻灯片演示过程的具体操作是：在"幻灯片放映"选项卡中单击"设置"组中的"录制幻灯片演示"按钮右侧的下拉按钮，选择"从头开始录制"命令，在打开的对话框中保持默认复选框的选中状态，然后单击"开始录制"按钮开始录制演示过程，如图8-56所示。用排练计时的方法录制幻灯片的演示，在录制过程中如果留有墨迹，程序会自动将其保存下来。录制完后将演示文稿设置为自动放映即可。

图8-56